阿育吠陀營養學

朱婕 著

序

繼完成「阿育吠陀療法」之後，即著手寫「阿育吠陀營養學」，實在是有鑒於多年來的治療個案中，屢屢發現症狀疾病的產生，確實與日常飲食習慣和生活方式，有著微妙的關聯，例如一位法師曾問說：「明明吃很多綠葉蔬菜了，為什麼還便秘？我們已經不吃肉類了，為什麼胃還經常會脹氣？」我回答：「因為您是冷性的 Vata 體質，綠葉蔬菜多為苦澀味道，屬冷性，應多吃接地氣含土元素的根莖類密實的蔬菜，這樣才能平衡因 Vata dosha 而帶來的粗糙性」。

豆類中除了綠豆之外，所有豆類都難以消化，並含有大量的氣體，如果要吃，就將豆磨成粉或是吃帶莢的豆類，在烹煮時加上一些熱性香料，以幫助消化。

在許多的個案中，都有胃食道逆流的現象，當問及飲食習慣後，我會建議水果要在飯前一小時吃，或在二餐之間單獨吃，而不是如多數國人所習慣的飯後吃水果。

如果先吃了肉類、米飯，才吃水果，因為水果比一般的食物消化速度快，等到前面的食物消化完，水果的果酸早已發酵在腸道中，產生過多胃酸，引起打嗝或胃酸逆流。

在日常生活中，之所以能讓自己身體保持良好的狀態，一則來自於正確的飲食，二則是來自於良好的作息，包含運動。但我們通常不知道該如何選澤食物，也不懂飲食的規則，因為我們不了解自己，也不了解食物特質，只聽專家們說哪種食物好，便一窩蜂地去選購，未思考食物的本質是否適合自己的體質。

阿育吠陀將人類以三 Doshas（Vata、Pitta、Kapha）的不同特質分為十種體質，每一種食物如水果、蔬菜、肉類等，其中也都蘊藏著三 Doshas 的特質。

如果我們很清楚地知道自己的身體的狀態，也能輕鬆選擇適合的食物與烹調方式。

如何將本書應用在生活中

建議先將目錄閱讀過，再將各章節簡單翻閱，了解各章節所要傳達的功能。

如果您很急於知道如何選購食物，首先看完第一部做完問卷後，可以直接翻閱第四部，找到適合您體質的食材建議與烹飪建議，在第六部中，可以找到適合的維生素與礦物質。

至此您僅能初步得知飲食規範，還不了解各種食物是否適合您的原因，此時您可以進入第三部尋找答案。

第一部「阿育吠陀學說」中，講述人如同宇宙，三 Doshas 被視為是人體最重要的液體、元素或特質，不但要依據它判斷體質、區分食物特質，就連疾病治療也是依據三 Doshas 的失衡狀態，而決定治療方式和藥方。

第二部「阿育吠陀營養學」，在講述古老醫學阿育吠陀建議人們飲食的依據，如果您是喜歡做學問的人，此章能為您解惑。

第三部「食物特質與療方」有如食物萬花筒，更有如一間超市，裡面什麼都有，您該買什麼呢？做過問卷，參閱過第四部的應用規則後，您會了解在眾多的食物中，什麼食物是適合您的。也許您會有疑惑，到底應該選擇「降低」或「增高」的食物呢？

舉一個例子，如果您是以 Vata dosha 為主導體質的人，應該選擇降低 Vata dosha 的食物；反之，再攝取增高 Vata dosha 的食物，那將會產生過度的 Vata dosha（氣體），所帶來的不適症狀或疾病。

第四部「個人體質與飲食」是實用篇，其中詳述各體質的適合食物及理由，例如乾燥的 Vata dosha 體質，我會建議濕潤的食物比乾燥食物好。而火熱的 Pitta 體質，我會建議多選擇溫和、密實、地面生長的食物。就 Kapha 體質而言，我建議選擇粗糙的食物，有利於平衡 Kapha dosha 的平滑。

第五部「飲食規則」和第七部「自我保健」中，除了告訴我們選對食物之外，還需注意食物是否相容，以及如何知道自己可能 Dosha 失衡了。

第六部「維生素與礦物質」，阿育吠陀建議人們由食物中攝取，在此篇中您可以尋獲人體所需的維生素或礦物質來源。

最後，希望這本書能帶給您一個不同的思維方向，整理出屬於自己及家人的獨特飲食計畫。但是在這裡，我仍然要聲明，雖然體質問卷佔有 70% 的可信度，但若您是患有疾病的人，在飲食方面仍需要聽從醫生的意見。

目錄

序

━ **第一部　阿育吠陀學說**

簡述阿育吠陀　　　　　　　　　6
人類與宇宙　　　　　　　　　　6
生命的基石—五元素　　　　　　7
三 Doshas（Tridoshas）　　　　8
心靈層面的三 Gunas　　　　　13
阿育吠陀體質問卷　　　　　　15

━ **第二部　阿育吠陀營養學**

Dravya 理論　　　　　　　　　19
原始味道（Rasa）　　　　　　　19
味道、Dosha 與元素　　　　　　20
冷與熱（Virya）理論　　　　　21
消化後的味道（Vipaka）理論　21
特殊素質（二十 Gunas）　　　　22

━ **第三部　食物特質與療方**

食物依據味道而分類　　　　　　24
食物依據元素來分類　　　　　　27
食物依據冷／熱性而分類　　　　28
食物依據心靈三 Gunas 而分類　30
關於廚房香料與居家療方　　　　33
製作自己的咖哩　　　　　　　　44
關於水果和水果居家療方　　　　46
關於蔬菜與蔬菜居家療方　　　　56
關於豆類　　　　　　　　　　　64
關於堅果和種子　　　　　　　　66
關於油品類　　　　　　　　　　68
關於甜味劑　　　　　　　　　　70
關於穀物類　　　　　　　　　　72
關於肉類和魚類　　　　　　　　74
關於液體　　　　　　　　　　　76

━ **第四部　個人體質與飲食**

Vata 體質如何飲食？　　　　　78
Pitta 體質如何飲食？　　　　　83

Kapha 體質如何飲食？　　　89
混和性體質如何飲食？　　　95

— 第五部　飲食規則

不相容的食物列表　　　99
阿育吠陀飲食建議　　　100
攝入食物的時間　　　101
年齡與 Dosha 與飲食　　　101
日程 Dosha 與飲食　　　102
關於攝入的食物　　　102
用餐時應注意的事項　　　103

— 第六部　維生素與礦物質

維生素 A　　　104
維生素 B 群　　　105
維生素 D(Calciferol)　　　109
維生素 E(Tocopherol)　　　109
維生素 K(Menadione)　　　110
礦物質鐵 (Iron)　　　110
礦物質鈣 (Calcium)　　　111

礦物質鉻 (Chromium)　　　111
礦物質銅 (Copper)　　　111
礦物質碘 (Iodine)　　　112
礦物質鎂 (Magnesium)　　　112
礦物質錳 (Manganese)　　　113
礦物質鉬 (Molybodenum)　　　113
礦物質硒 (Selenium)　　　113
礦物質磷 (Phosphorus)　　　114
礦物質鉀 (Potassium)　　　114
礦物質鈉 (Sodium)　　　115
礦物質硫 (Sulfur)　　　115
礦物質鋅 (Zinc)　　　116

— 第七部　如何自我保健

毒素 (Ama) 如何形成　　　117
消化不良的類型　　　117
如何知道 Doshas 是否平衡？　　　118
十三類不可逆為的生理需求　　　120
食物與疾病　　　122

後記　　　125

第一部　阿育吠陀學説

簡述阿育吠陀

五千年前的阿育吠陀是土著的醫療體系。Ayur 代表「生活」，Veda 代表「科學」或「智慧」。阿育吠陀意味著「生活的知識」，更是一種生命科學。換言之，應用智慧，用科學的方式來生活。

阿育吠陀是一個有完整系統的傳統草藥醫學，它對人類的影響十分深遠，在生活的知識，以及如何預防疾病上，給人們許多的建議。

阿育吠陀的目的有二：其一是讓健康的人保持健康，以提高生活品質，而達到長壽。其二是給有疾病的人適當的治療，提升健康和自由的生活。是為「預防與治療」兼具。

阿育吠陀在印度，是有完整體制的醫療系統，學科內容包括：描述對於人體有益及有害的物質，由學者介紹疾病發生的起因，診斷出疾病的主要原因，並且敘述其治療的方法，最後被稱為 Ayurveda（阿育吠陀）。其目的是幫助個人獲得長壽。

阿育吠陀的知識是幫助人類實現四個主要的人生追求：正義的生活（美德），財富的累積（世俗的追求），物質慾望（愉悅），以及解脱。人類為了自我實現完成這四個階段，必須要有良好的健康與長壽，因而阿育吠陀提供預防疾病與長壽的秘密。

阿育吠陀教導人們，了解人體的基本運行，了解自我的本質，也就是人體的基本面。當我們清楚的知道，自己是屬於什麼體質型式，可以選擇什麼樣的食物。當身體有任何不適或異樣時，可意會那是由身體所發出來的警訊，我們應適時尋求醫療上的協助。

人類與宇宙

吠陀經文說，人類與宇宙之間有一個不可分割的聯繫，宇宙的元素亦存在人類。為了瞭解宇宙和環境狀況，了解人類健康問題，需要了解它們之間的共同聯繫，那是「創造」的元素。

生命是被創造出來的，隨著創造的發展，它形成了三個基本原則來維護一切生命，那是創造—維持—解散的三種規律。生活中的一切都是被創造的，宇宙創造生命，生命創造一連串的事蹟來維持生活，最終生命死亡。這種規律的原則被稱為 Sattwa、Rajas 和 Tamas 的運轉，同時也被尊敬的稱為宇宙三 Gunas。所有的生命、人類和天體，均服從這些律法。就像一條絲線是從蜘蛛而來，然後被編織成一個網，創造最終將溶解，回到永恆，就像蜘蛛返回空間（乙太）本身。

Sattwa 代表純潔、善良，也代表嬰幼童時期；當生命成長進入青年期，也開始進入

Rajas 時期，代表競爭、野心、衝動和侵略性；而漸漸到了老年期，也進入 Tamas 時期，產生許多的惰性、悲觀、遲鈍、嗜睡、抑鬱等。

生命的基石—五元素

根據阿育吠陀書中記載，宇宙間存在著大地的元素，而人體就好比是一個小宇宙，也一樣存在著大地的元素。每個元素都有一定的物質與屬性，透徹瞭解這些物質與屬性，是瞭解人類疾病和健康身體的基本常識。

創造原則開發了五個基本元素，又或者說，所有生命的形式都包含這五種基本元素，由最微妙的空間（Space）元素，氣（Air）元素，火（Fire）元素，水（Water）元素，到土（Earth）元素。從永恆到物質，物質最微妙的形式是「空間」（又稱為乙太）；空間與永恆混合創造出「氣體」；隨著氣體的移動造成摩擦，而產生「熱」或「火」；熱氣產生水分，從而產生「水」，水是最密集的元素，假設一個人試圖從水中穿越，水的密度將減緩人前進的速度；最後，水產生最密實的物質形式「土」。

人體也是由這些元素滋養和維護的，它們負責所有的心理物理學。在身體中，五個元素承擔三種 Doshas 物質的形式，並且具有生物體的化學性質。

五大元素：

土元素：是固態物質，其特徵屬性是穩定性、固定性或剛性。「土元素」是穩定的物質。我們的身體也體現了這個土元素（固態結構），如：骨骼、細胞和組織。

水元素：是液體狀態的物質，其特徵屬性是通量（漲潮與退潮）。「水元素」屬於不穩定的物質。

火元素：這是可以「轉換」的力量，從固體到液體物質、氣體，反之亦然。火的特徵屬性是轉變。「火元素」在形式上是沒有實質的內容。

氣元素：氣態物質，其特徵屬性是流動性與活力。「氣元素」的存在是沒有形式的。

空間元素：是一切事件（五元素）發生的空間，沒有物理存在，它只有單獨的物質距離。

宇宙中每個物質，是由這五個基本要素所組成，任何一種物質的形成，即使五個元素各有其貢獻，但仍然有一個元素佔主導位置，其他次之。

除了五元素之外，阿育吠陀創立獨特性三 Doshas 的理論說法，說明人體內有三種 Doshas 分別注入在細胞、血液、器官中，而五元素分屬在不同的三種 Doshas 中，Dosha 可稱為是物質、特性或體液。其三種 Doshas 是：Vata dosha，Pitta dosha， 及 Kapha dosha，若以液體或物質論之，這三種物質皆在每一個人的體內，唯有強弱、高低的不同。

氣與空間元素被歸納在 Vata dosha 的範圍內，火與微量的水元素被歸納在 Pitta dosha 的範圍內，土與水元素被歸納在 Kapha dosha 的範圍內。三 Doshas 各有代表不同的屬性與特質，因而創造出不同外觀的人體，及不同的內在心性與不同的思維。人類是被創造出來的，從創造出生，到維持生命，最後解散死亡，回歸於永恆，心靈上也歷經了宇宙三 Gunas

（Sattwa，Rajas 和 Tamas）的過程。

食物是支持身體架構及維持生命的來源。而食物本身也具備有五元素與三 Doshas 的基本要素，食物可以平衡一個身體，使達到健康；也可以使一個身體不平衡，產生過量的 Dosha，而引發疾病。

三 Doshas（Tridoshas）

對於三 Doshas 的基本介紹，通常我們若提到 Vata dosha 指的就是「氣」，而 Pitta dosha 指的就是「火」，另一個 Kapha dosha 指的就是「水」，也是指黏液。

此三種 Doshas（Vata、Pitta、Kapha）在阿育吠陀中的意義，代表著體質的依據與選擇飲食方式的來源。飲食的調整是依據三 Doshas 的強與弱，疾病的診斷與治療也是依據三 Doshas 過盛與過衰而調整，過盛的 Dosha 將引發疾病。

由此可見，充分了解三 Doshas 的功能與人體運作，是非常重要的。

認識 Vata dosha 的基礎特質

Vata dosha 是指氣（Air），大環境中稱為空氣、氣流、風，在體內的小環境稱為氣體。Vata dosha 包含的元素有氣元素與空間元素。其屬性有：流動性、乾燥、冷性、粗糙、輕、薄、不穩定、不黏稠等。

「流動性」亦可稱為動能，例如：我們吃的營養素，由食道進入，但需要靠 Vata dosha 的流動性來輸送，將營養素輸送到人體的各大組織。這輸送的功能如：心跳、血液流通、氧氣的循環、呼吸、消化等，因此我們可以了解到，Vata dosha 具有「輸送」的功能。

「乾燥性」若對應到人體特徵，意指皮膚較為乾燥，腸道亦較為乾燥，所以經常會有便秘的傾向，聲帶乾燥聲音沙啞，頭髮乾燥，嘴唇乾裂，經常感覺口乾舌燥，腳底皮膚大都有龜裂的現象。我們經常可見到住在海邊的人家，藉由海風來曬魚子、曬梅乾菜，這就是風乾，可見風／氣是乾燥的。在季風的季節（秋天），大環境是 Vata dosha 所屬，秋天皮膚容易呈現乾燥的現象。

「冷性」意指人體手腳容易冰冷，腸道、婦科也較冷，血液循環不良，有僵硬的肌肉，不喜歡冷的食物，渴望熱的食物與熱的環境。

「粗糙性」本身具有冷性與乾燥的特質，而使得體內產生粗糙的反應，如手掌與腳掌特別的粗糙，頭髮粗糙而稀疏。食物中也有屬性粗糙的，如芭樂、龍鬚菜、粗芹菜等。

「輕／薄」意指會有較為纖瘦的身體骨架，有體重過輕的傾向，睡眠淺層易醒。

「不穩定」又稱為「微妙的氛圍」，或被經常形容為神經質、敏感等。包括眼睛不停的轉動，聲音顫抖，身體不斷的擺動，有時走起路來感覺在舞動或飄動。

「不黏稠」具有乾燥與流動的特質，因此就會有不黏稠的狀態，如骨頭缺乏黏液，容易有骨質疏鬆及關節退化的狀態，年輕時的關節經常有咯咯的聲音。

Vata dosha 被賦予在身體上的功能

Vata dosha 是動能，是一種流動的原則，調節人體的所有活動，例如熱愛工作，人們可能在同一個時間內，擁有很多的想法。在輸送功能上，如脈動的呼吸、循環和清除，以及如何有效的穿越腸道來移動食物。

在自然的生理需求上（自然衝動），如身體打噴嚏、飢餓感、感覺口渴、睡眠、咳嗽、噁心、嘔吐、疲勞、射精、分泌物和排泄物等，結腸是最重要的一席 Apana vata dosha，它負責排泄功能，若功能喪失則產生便秘。

Vata dosha 也負責喜悅、快樂、創造力和講話功能，它同時也存在神經系統中，運動神經元的躍動，負責運動功能及感覺功能。它存在於耳朵、骨盆腔內、下背部、骨和大腿，同時也存在關節和皮膚中。當 Vata dosha 過度遽增，可能在以上的位置會出現不適的症狀。

Vata dosha 的外觀和個性

若是以 Vata dosha 為主導體質的 Vata 人，他們有許多的夢想，喜歡單獨移動，到處旅行，不會長時間的停留在一個地方；若是無處可去或無法離開，便會經常性的搬家或移動家具，以免感覺到無聊。喜歡尋求變化，因此不斷的行動，由於他們的積極性，使得他們好花錢，過多的瑣事開銷，以至於儲蓄困難。動能過盛的他們，喜歡有動能的工作，喜歡肢體上的表演，如舞蹈、表演、瑜珈、特技、武術、模特兒等。

他們不僅僅是心思跳躍快速，決定事情也特別快速，洞察力強，有如千里眼，可以立即領悟，但很快就會忘記。由於情緒容易擺動，想法鬆散，信心不足，對於目標會經常更改，難以堅持，但又會給很多的理由來說服自己。他們經常有微妙的恐懼、焦慮和不安全感，在心靈上較容易感覺到空虛、恐懼和焦慮，情緒多變（時而開心，時而憂鬱）。在行為上，Vata 人很容易興奮，經常性的改變，情緒轉變快速，例如突然的情緒不佳，或無端的恐懼、焦慮和不安全感。Vata 人經常喜歡獨處，愛一個人可能出於自己恐懼孤獨，恐懼黑暗和封閉的空間，處在婚姻的狀態中，卻又渴望有單獨的獨白，內心常有許多的衝突。

Vata 類型往往是時好時壞的身體健康狀態，也因為有很多的不穩定，Vata 女人多半較少子女或沒有子女，縱使他們是性生活愛好者。（建議應該在年輕時就生小孩，千萬不要制定幾年的節育計畫，那有可能就不太妙。）他們有不規則的食慾和求知欲，往往有消化和吸收不良的經驗。乾燥的感覺在喉嚨哽咽、呃逆、打嗝，乾性皮膚、頭髮、嘴唇和舌頭，有嘶啞的聲音，瘦的肌肉、骨骼，瘦弱的身體框架。淺層的睡眠，有體重過輕的傾向，眼睛往往過於乾澀。手腳冰涼，血液循環不良，不喜歡冷，喜歡熱。有僵硬的肌肉，粗裂的皮膚、指甲、頭髮，大而突出的牙齒，手和腳有裂縫。細微的震顫，纖細的身體，快速走路和說話，同時間做很多樣事情，不安的眼睛、眉毛、手和腳關節。

任何狀態都有可能使得 Vata dosha 過盛而導致不平衡，例如：經常出差，特別是飛機，大聲喧嘩，不斷刺激，藥物、糖和酒精，挨凍和冷的液體和食物，使 Vata 人像發狂一樣。Vata 人應該在晚上十點睡覺，因為比起其他類型，他們需要更多的休息。一般來說，以 Vata dosha 為主導體質的人，應該穿暖和，吃溫暖、溼潤、稍油膩、重的食物。蒸氣浴、加溼器和溼度一般都是有益的。還建議日常在淋浴或洗澡前，使用油按摩身體。

認識 Pitta dosha 的基礎特質

Pitta dosha 是火，又被稱為消化腸火（Agni），有時候也被稱為血液。火的特性是消化和代謝，當營養物質進入食道，就由氣（Vata dosha）將食物輸送到腸胃區，然後由火（Pitta dosha）來進行分解、消化與吸收。其屬性有：熱性、油性、尖銳／刺激、流體、酸度、光／輕等。

「熱性」 意指身體的平均體溫比一般人略高，有良好的消化火，食慾旺盛。頭髮呈現灰色，有過早花白的現象，或髮際線後退呈現禿頭。膚色偏棕色。

「油性」 意指毛髮和糞便呈現油性，皮膚也略有油性。若是 Pitta 人吃油炸的食物，可能會引起頭痛。

「尖銳」 有鋒利的牙齒、尖鼻子、不同大小的眼睛、心形臉。有良好的理解力與洞察力。個性急躁，有喜歡探索的精神。

「光／輕」 中型的身體結構，不能忍受明亮的燈光，皮膚有光澤，還有明亮的眼神。

「流體」 大便鬆散，經常是拉稀便。會

有過量的尿液和汗水，身體具有體味。

「傳導」 容易有皮疹、蕁麻疹、痤瘡，身體局部或全身經常發炎。

「酸度」 身體的胃酸經常會過高，牙齒易敏感，唾液過多。

在行為上，以 Pitta dosha 為主導的人會堅持自己的原則，較不容易妥協，有時會導致狂熱的行為。他們有批判性並追求完美，也往往較容易生氣與憤怒。會為了滿足需求，花大量的錢在奢侈品上，過著中等奢華的生活。有良好的學習能力與理解力，被賦予智慧，紀律嚴明，能成為優秀的領導者。

Pitta dosha 被賦予在身體上的功能

Pitta dosha 幫助消化食物，調節體溫，提供血液顏色，視力，產生飢餓感，產生口渴，提供食慾，擁有光澤的身體，提供智力，回憶和記憶，提供勇氣，柔軟的身體，理解力，憤怒，仇恨和嫉妒。

Pitta dosha 負責「消化」和「吸收」，從食物的營養到感官知覺，進入人體的一切。除了胃火（Agni），Pitta dosha 還包括酶和氨基酸，發揮重大代謝作用。Pitta dosha 的責任是調節人體熱量，轉化糧食，並給予一個人的食慾、活力、學習能力和理解力。

Pitta dosha 的外觀和個性

Pitta 人有良好的消化火，食慾旺盛，身體的溫度往往高於平均水平，討厭熱，傾向有較多灰色的頭髮，有過早花白的現象。髮際線後退或禿頭，有棕色的柔軟頭髮，呈現棕色的身體膚色。有鋒利的牙齒，不同大小的眼睛，

尖鼻子，下巴尖細，心形臉，良好的吸收和消化，中型的身體結構。

有記憶和理解力，急躁的個性，有探索的精神。他們的眼睛明亮，但往往對光害怕敏感。皮膚有光澤且柔軟，毛髮和糞便都略帶有一些油性，對於油炸食物敏感（這可能導致頭痛）。過量尿液和汗液，容易傳播皮疹、蕁麻疹、痤瘡，局部或全身性炎症。身體的PH值酸度過高，容易胃酸過多。有敏感的牙齒，唾液過多。有鹹、酸味在嘴裡，感覺噁心、嘔吐。經常覺得胃有灼熱的感覺。有強烈的憤怒和仇恨。身體過度高溫、血液過熱，皮膚、眼睛和鼻子會發紅；有黃色眼睛和皮膚、尿液、糞便、黃疸，若產生過盛的膽汁，黃顏色會加重。可能有尖銳的淡黃色牙齒，有時候會牙齦出血。

對新事物有興趣，有強烈求知欲，喜歡冷飲和甜食。良好的學習能力，理解力和集中力。Pitta dosha 被賦予智慧，他們紀律嚴明，能成為優秀領導者。Pitta 人在自己的原則上從來不讓步，有時會導致他們有狂熱的行動。他們具有判斷性、批判性和完美主義，往往成為容易生氣的人。他們熱愛崇高的職業，常常大量的錢用在奢侈品。他們喜歡香水和珠寶。

總體而言，以 Pitta dosha 做為主導體質，在身體上賦予了中等強度，很多廣泛的知識，財富和中等奢華的生活。在夏季屬 Pitta dosha 的時期，Pitta、Pitta-Kapha 和 Pitta-Vata 人很容易有溼疹、痱子，短期的壞脾氣是很常見的，疾病爆發後，高漲的情緒會降下來，隨著天氣變得涼爽，Pitta 人也會慢慢冷靜下來。在夏季的飲食和生活方式應該強調涼爽，如待在空調室內，避免曝曬在大太陽下，吃涼爽的食物，避免辣椒和熱調味料，運動時間應選擇在最涼爽的時刻。

認識 Kapha dosha 的基礎特質

Kapha dosha 是水（黏液），因此所表現出來的特性包括：冷性、沈重的、慢性、密實性、液體、油膩的。我們的細胞、組織、骨骼都需要靠 Kapha dosha 的黏液來潤滑，如骨髓、血漿、淋巴液等。其屬性有：重、慢性、冷性、油膩性、液體、平滑、密實、黏稠、穩定、靜態。

「重型」 有大型的骨架，重型的骨骼和肌肉，體重趨於超重。

「慢性」 走路說話緩慢，穩定的食慾和緩慢的新陳代謝，緩慢的消化力。

「冷性」 皮膚溼冷，容易反覆感冒，鼻子充血，有鼻炎、鼻塞、鼻竇炎、喉嚨多痰等症狀。

「油膩的」 油性皮膚，毛髮和糞便呈現油質。

「液體」　水分代謝不良，容易水腫。關節腫脹。過多的唾液和黏液。

「硬度」　有硬度和堅固的肌肉。

「平滑」　皮膚光滑，性情柔和。

「密實」　密集的脂肪，厚厚的皮膚和頭髮，以及條狀厚實的糞便。

「黏稠性」　黏稠性是凝聚力的質量，有密實且有硬度的關節、肌肉、組織和器官。

「靜態」　愛坐著、睡覺，無所事事也可以；喜歡安逸。

由於以上的特質，發展出一個大骨架的身體，大眼睛，堅固的牙齒，厚實帶鬈曲的頭髮，他們有光滑、油膩和多毛的皮膚。Kapha 人有穩定的食慾和求知慾，緩慢的消化力減緩了新陳代謝的能力，因此通常體重過重。Kapha 人被賦予了深刻的、穩定的信心、愛心和同情心、平靜、平常心。和平、愛和長壽，有卓越的實力、知識、良好的記憶力、悅耳的聲音和單調的談話內容。

Kapha dosha 被賦予在身體上的功能

提供穩定性、油性和潤滑。有剛性的骨骼，提供性慾（性慾雖然是由 Kapha dosha 提供的，但是諷刺的是，Kapha 人卻少性事活躍）。提供耐心、耐力、精力和免疫力。有冷靜的頭腦，寬恕，貪婪，積累，和佔有慾。Kapha dosha 功能是「潤滑」，Kapha dosha 分子往往黏在一起，形成緻密的群眾，給身體一個胖乎乎的形狀。

它潤滑關節和器官，強健肌肉和骨骼，細胞分泌物，和記憶，都是 Kapha dosha 的部分功能。

Kapha dosha 的外觀和個性

有重型的骨骼和肌肉，大型骨架，體重趨超重，皮膚深層有稠油的感覺。走路和說話緩慢，有穩定的食慾和緩慢的新陳代謝，容易口渴和緩慢的消化。皮膚涇冷，反覆感冒，充血和咳嗽。渴望甜食。油性皮膚，毛髮和糞便呈油性、潤滑，關節和其他器官呈油質。充血性障礙，水腫，過度流涎、黏液。硬度和堅固的肌肉，緊湊濃縮的組織，皮膚、器官光滑。性情柔和平靜。有密集的脂肪層，厚厚的皮膚、頭髮、指甲和糞便。

看起來柔和悅目、愛、關心、同情、善良和寬恕。愛坐，睡覺，無所事事。黏性是凝聚力的質量，密實且有硬度的關節、肌肉、組織和器官，喜歡擁抱，喜歡相親相愛的關係。

早晨的精神是昏沉的，往往想要喝咖啡作為興奮劑來開始一天。唾液過多，緩慢消化。甜味刺激精子的生成量，渴望糖果。鹹味能幫助消化和增長，提供能源，維護滲透條件，在身體會保留過多的水分。

Kapha 人有穩定的食慾和求知慾，但因為消化和新陳代謝緩慢，往往導致體重增加，想要減輕體重有很大的困難。有時渴望甜和鹹而導致水腫。Kapha 人節省資金，不平衡的 Kapha 人貪婪，執著，佔有慾，

和懶惰。在個人健康上，Kapha 人天生被賦予卓越的實力，知識、和平、愛、長壽，強而有力的體質。Kapha 人容易患有「水」相關的疾病，如感冒，鼻竇充血，黏液過多引起其他病症，呆滯、超重、糖尿病、水腫、頭痛也很常見。往往會在滿月或冬季和初春，天氣多變、潮溼、多雲、寒冷時加劇 Kapha dosha。

心靈層面的三 Gunas

每個人的人格特質不同，受心靈三 Gunas 的影響很深。Guna 是梵文，可以解釋為「特質導向」。影響人格特質心靈層面的三 Gunas 分為：Sattwa、Rajas、Tamas。

Sattwa guna：這個 Guna 的特點是「意識清晰」和「純淨」，它激活感官，並且負責感官。印度許多素食的修行人（如瑜珈行者）應用祈禱和冥想，是為了要開啟與實踐 Sattwa 的知覺感官。Sattwa 是一種純度的表現，若人類的腦海中以此 Sattwa guna 為主導，那將是首選的心理狀態，因為有了這樣的精神純度，能使一個人平靜、安定和滿足。

Rajas guna：最具有「活躍」的特質，以運動與刺激為主要特徵，是積極的思考。人類腦海中若以 Rajas 為主導，會使人一直在尋求改變，持續不斷的活動，是個過於活躍的人。

Tamas guna：這個 Guna 具有「沈重」與「阻力」的特徵，它會對於知覺的活動產生干擾或阻礙，例如心靈產生妄想、惡意、貪婪、恐懼、焦慮等不良感官。Tamas guna 是一種「沈悶」的表現，在人類的腦海中若以 Tamas guna 為主導，那將是一個沈悶的、昏昏欲睡的思緒，表現出毫不關切的態度。

這三 Gunas 自然存在我們的腦海中，和體內的三 Doshas 產生互動，並且影響著人體在思維與行動上的表現。

三 Gunas 與 Vata dosha

三 Gunas 與 Vata dosha 的互動，深深影響 Vata、Vata-Pitta 和 Vata-Kapha 群組人。

當 Vata 群組人得到平衡時，他們開朗，富有創造性和適應性；但若是不平衡的時候，他們在精神與心靈上傾向於恐懼、焦慮和不安全感，擔心、緊張和暈眩等情緒。他們很容易被欺騙、威脅或承諾。

在本質上，Vata 群組人沒有多大的勇氣，是孤獨性質，並擁有少數幾個知心朋友（儘管他們認識其他社會各界的朋友）。他們不重利益更愛自由，如果說花錢能買自由，那 Vata 群組人一定第一個付錢。在離婚的案例上，這群組為了得到自由，會願意淨身出戶。他們算不上是優秀的領導人或追隨者。

適當的 Sattwa 食物，可以為 Vata 群組人創造理解力，一個良好的精神風貌，降低因 Vata dosha 失衡的狀態，尤其是心靈層面如恐懼、焦慮等情緒。而過度的 Rajas 食物會讓 Vata 群組人，面對事件猶豫不決，多動症和焦慮。過度的 Tamas 食物對於 Vata 群組人，在心靈人格上會產生卑躬屈膝的態度，不誠實、抑鬱、自我毀滅、成癮行為、性變態、動物的本能或自殺的念頭。要能平衡 Vata 群組人，需從三 Gunas 食物中，找到適合的食物與烹飪方式。（參考三 Gunas 飲食和 Vata 體質如何飲食）

三 Gunas 與 Pitta dosha

三 Gunas 與 Pitta dosha 的互動，深深影響 Pitta、Pitta-Vata 和 Pitta-Kapha 群組人。

在這三種體質中，Pitta dosha 如果達到平衡時，他們以目標為導向，內心強大，溫暖而穩重；如果 Pitta dosha 不平衡時，則生氣急躁，易怒，自我中心意識極高。

在本質上，Pitta、Pitta-Vata 和 Pitta-Kapha 人擁有火熱的情緒，如煩躁不安、憤怒、仇恨。精神上，他們有能力滲透，是積極的，很少感傷。他們有決心，口齒伶俐，有說服力，但可能會嘗試支配他人同意自己的意願和想法，比較自以為是，並可能成為狂熱分子。這些人是出色的領導者，有事業心，努力實現偉大的目標。他們幫助他們的家庭和朋友，但殘酷無情的對待敵人。此外，他們膽大、冒險，大膽享受挑戰。雖然他們有太多的清晰度（洞察力），但他們缺乏同情心。

對於這類體質群組的人，Sattwa 食物可影響他們，創造更清晰的洞察力、智力、領導力，溫暖的性情和獨立性。而 Rajas 食物則會創造極度的任性，擴大野心，嫉妒，憤怒操作，虛榮，衝動和侵略性。Tamas 食物則會創造鬥氣、暴力、仇恨犯罪和病態行為。（參考三 Gunas 飲食和 Pitta 體質如何飲食）

三 Gunas 與 Kapha dosha

三 Gunas 與 Kapha dosha 的互動，深深影響 Kapha、Kapha-Pitta 和 Kapha-Vata 群組人。

這些人的情感，充滿愛、慾望、浪漫和情緒化。然而，他們也有慾望和貪婪的不良情緒。Kapha 群組的人，很難適應新的形勢或環境、但他們非常忠誠。他們有很多朋友和家庭成員，參與社區活動，宗教活動。他們不喜歡抽象的概念，喜歡確實的舒適與實用。

每當 Kapha 群組人是健康的時候，他們喜歡為別人做飯，是堅強的，忠誠的；而當 Kapha 群組人失衡時，會變得昏昏欲睡、囤積、過於物慾橫流，無所事事且毫無活力與信念。

對於這些群組的人，Sattwa 食物可創造出平靜、和平、愛、同情、信仰、培育和寬恕的信念。而 Rajas 食物則創造出對金錢貪婪、物質的奢侈、過度舒適、太多愁善感、控制慾望，甚至淫蕩（過度且變態的性行為）。過度 Tamas 食物對於 Kapha 群組人的影響，則創造遲鈍、懶惰、嗜睡、抑鬱，缺乏照顧和偷竊傾向。（參考三 Gunas 飲食和 Kapha 體質如何飲食）

當我們的身體、精神、心態，若有些偏頗時，應當尋求專業的協助，不論是心靈談話、草藥治療、飲食調整，都會有相當的改善。右頁起的三份問卷可以幫助讀者根據生活中的小細節，概略了解自己屬於何種體質。

PRAKRUTI- MIND/BODY CHART

回答這些問題時，請考量整體的生活狀況。

	一點也不	有一些	很強烈
• 你總是可以又快又順利地記住事情，但通常都不能記得很久。	1	2	3
• 在壓力之下你會變得焦慮和擔心。	1	2	3
• 你擁有快速的反應，或思考、行動都很快，但很難下決定。	1	2	3
• 你很難忍受天氣寒冷。	1	2	3
• 你偏瘦，而且很難發胖。	1	2	3
• 你日常飲食和睡眠的時間往往不盡相同。	1	2	3
• 你很容易有情緒變化，往往敏感而且有點情緒化。	1	2	3
• 你說話很快而且是個活潑的保育人士，經常轉換話題而且有很多話說。	1	2	3
• 你經常手腳冰冷。	1	2	3
• 你頭髮乾燥分岔。	1	2	3
• 你往往入睡困難但是淺眠易醒。	1	2	3
• 你容易有間歇性的排氣或脹氣，進食快速且經常比同桌的人更快用完餐點。	1	2	3
• 你擁有活潑、富想像力的想法，停不下來。	1	2	3

Total for this selection: _____

PRAKRUTI- MIND/BODY CHART

Pitta

回答這些問題時，請考量整體的生活狀況。

	一點也不	有一些	很強烈
在壓力之下你會變得很難搞。	1	2	3
你天生就有堅強的意志。	1	2	3
你是個完美主義者，有系統、有效率而且密切注意細節。	1	2	3
你有批判性的思維，也是很好的辯論者。	1	2	3
你有易怒傾向，即便你可能不常表現出來。	1	2	3
你很容易出汗，而且比別人有更多體味。	1	2	3
你有旺盛的食慾和新陳代謝，不能過餐不食。	1	2	3
你有敏感性肌膚，容易曬傷或過敏。	1	2	3
你很容易失控，然後很快就忘記了。	1	2	3
你容易胃灼熱和消化不良，特別是如果不能每天按時吃飯。	1	2	3
你習慣午睡，而且晚上需要六小時以上的睡眠時間，不然會感覺疲憊。	1	2	3
你享受挑戰且擁有強烈的決心。	1	2	3
你經常一天排便多次。	1	2	3
你往往對自己和他人過度嚴苛。	1	2	3

Total for this selection: _____

PRAKRUTI- MIND/BODY CHART

回答這些問題時，請考量整體的生活狀況。

	一點也不	有一些	很強烈
• 你吃東西很慢。	1	2	3
• 你很難生氣，當你生氣時，你會耿耿於懷。	1	2	3
• 你時常發作慢性鼻竇炎、氣喘或有痰。	1	2	3
• 你節奏慢、有耐心而且悠閒。	1	2	3
• 你是一個好的傾聽者，而且當你覺得有重要的事情時才會開口。	1	2	3
• 你的新陳代謝較慢，進食後感覺沉重而且可以過餐不食。	1	2	3
• 你的精力、耐性和心情都能持續一致。	1	2	3
• 你睡得很熟很久，而且早上起床的時候很困難。	1	2	3
• 你對於寒冷、潮濕且多雲的氣候很反感。	1	2	3
• 你的皮膚通常柔軟平滑。你面對艱難狀況的時候會有鴕鳥心態。	1	2	3
• 你比較容易發胖而且很難瘦下來。	1	2	3
• 你有較好的長期記憶力。	1	2	3

Total for this selection: _____

勾選完三份問卷後，可以看出主要的 Dosha 導向。如果是 Vata dosha 為最高分，其他的 Dosha 遠遠落後，則以 Vata 人稱之；如果是 Vata dosha 為最高分，而 Kapha dosha 僅次於 Vata，那麼就是混合型 Vata-Kapha 人，其餘以此類推。

體質可以依據不同的 Doshas 而分成十種類型：

1. 單一型態的 Vata 人（以 Vata dosha 為主導，其他 Dosha 遠遠次之）
2. 單一型態的 Pitta 人（以 Pitta dosha 為主導，其他 Dosha 遠遠次之）
3. 單一型態的 Kapha 人（以 Kapha dosha 為主導，其他 Dosha 遠遠次之）
4. 平均型態的 Tridoshas 人（三種 Doshas 呈現平均狀態）
5. 混合型態的 Vata-Pitta 人（以 Vata dosha 為主導，Pitta dosha 次之）
6. 混合型態的 Vata-Kapha 人（以 Vata dosha 為主導，Kapha dosha 次之）
7. 混合型態的 Pitta-Vata 人（以 Pitta dosha 為主導，Vata dosha 次之）
8. 混合型態的 Pitta-Kapha 人（以 Pitta dosha 為主導，Kapha dosha 次之）
9. 混合型態的 Kapha-Vata 人（以 Kapha dosha 為主導，Vata dosha 次之）
10. 混合型態的 Kapha-Pitta 人（以 Kapha dosha 為主導，Pitta dosha 次之）

第二部　阿育吠陀營養學

阿育吠陀是全世界最早的療癒系統，療癒的方式採取「全面癒合」的方式，其中包含重要的飲食習慣和概念，提供了一種依據個人體質的正確飲食習慣。

根據古醫書上的記載，生命的三大支柱是由食品營養素、睡眠和心靈成長所組成，如果這些支柱是衰弱的，或是有缺陷的，那生命也將失去光彩。如果一個人能遵循健康的飲食方式，就不需要任何藥物了；反之，若是維持不健康的生活飲食習慣，再多藥物也是無效的。

因此建議要依據自己獨特的 Dosha 體質，精心選擇適合自己的食物，同時也應考量食物的特質和食物本身是否容易被消化，依照自身的體質、消化能力和季節的變化，還有年齡、日程、精神情緒及身體狀況，或在有疾病的當下，選擇攝入適合的營養素。

阿育吠陀營養學獨特的將食品以味道來分類，其中不同的味道分屬在不同的 Dosha 中，也代表不同的元素。並因個人而制定，其基礎來自於「Dravya 理論」。

Dravya 理論

在阿育吠陀醫學中，食品、飲料、草藥都依據這個理論分類，其中包含六個要點：
1. 原始味道（Rasa），意思是未經過烹飪的最原始味道
2. 元素（土、水、火、氣、空間）與 Dosha（Vata、Pitta、Kapha）
3. 冷與熱的效應（Virya）
4. 消化後的味道（Vipaka）
5. 特殊素質（20 Gunas）
6. 不可預知的變化

瞭解自己的體質後，再將 Dravya 理論應用到適合的體質上，又或者是說：從 Dravya 理論中，找出適合自己的食物特性，做為飲食規劃的依據。

根據阿育吠陀強調，人之所以會生病，是因為吃錯了食物，用錯了味道，因此危及到消化的功能。一旦消化系統不健全，易造成未消化的腐酸食物滯留在腸道中產生毒素；沒有吃對食物，無法滋養組織，形成組織耗弱或不平均的發展。毒素殘留在組織的渠道中，造成渠道阻塞，日復一日，終於演變成疾病。

因此，不論是改善身體不適症狀，或是癒合疾病，除了借助外部療法，飲食調整被視為改善身體的第一要件。無論是平常保養身體，或是改善疾病狀態，阿育吠陀建議每個人都要清楚了解自己的 Dosha 和味道與食物的關係。

原始味道 （Rasa）

Dravya 理論中的各個要點，首先提到原始味道（Rasa），不論是食品還是草藥，都

以最原始的味道，來分類到所屬的元素以及 Dosha 中。因此：在阿育吠陀的飲食治療中，很重視「味道的自然癒合」作用。

「味道」被認為是具有治療性的，梵文的 Rasa 意味著喜悅或本質，兩者都可促進癒合。當攝入一種味道，這味道從嘴裡延伸到頭部，將食物精髓帶到大腦中，這種精華刺激了 Prana（Prana 指頭頂的百會處），進而刺激了消化腸火（Agni）。如果食物的味道不令人滿意，那麼消化腸火可能無法被燃起，因此食物不被消化，不能提供適當的營養給身體。這就是為什麼阿育吠陀烹飪本身就是一種科學，為達到提供適當的口味給當事人，因此常需要加入一些草藥或香料，把適當的營養給身體。

阿育吠陀將草藥與食品的味道分為六大類，即是為酸味、甜味、苦味、辣味、鹹味、澀味。以下介紹六種味道的性質：

- 酸味：酸味會導致若干的疾病。
- 甜味：甜味會引誘所有食材都變成甜味。
- 苦味：苦味會佈滿整個舌頭。
- 辣味：會佈滿全身產生分泌物，從眼睛、嘴巴和鼻子先反應出來。
- 鹹味：鹹味會導致乾燥的舌頭。
- 澀味：澀味會傳播，引起喉嚨不適，或者不利於效應的味道。

味道、Dosha 與元素

六種味道源於五元素，同時傳遞它們的特性，酸、甜、苦、辣、鹹、澀，所有的味道都源自於水元素。沒有任何一種食物只有單純的一種味道，五元素都包含在所有的物質中，當我們說某種食物是甜味，那只是甜味佔了主導的地位。同樣的，沒有一種疾病是純粹由一個 Dosha 引起的，只是在當時某種 Dosha 佔主導地位，因此我們說：該疾病是由特定的 Dosha 所引起的。

以下說明大地元素（土、水、火、氣、空間）與 Vata dosha、Pitta dosha、Kapha dosha 及六種味道（酸、甜、苦、辣、鹹、澀）之間相互的連結：

苦、澀、辣是 Vata dosha 所擁有的味道。
酸、鹹、辣是 Pitta dosha 所擁有的味道。
酸、鹹、甜是 Kapha dosha 所擁有的味道。

- 「酸味」是形成「火和土元素」的分子，亦是 Pitta dosha 與 Kapha dosha 的屬性。
- 「甜味」是形成「土和水元素」的主要分子，亦是 Kapha dosha 的屬性。
- 「苦味」是形成「氣和空間元素」的分子，亦是 Vata dosha 的屬性。
- 「辣味」是形成「氣和火元素」的分子，亦是 Vata dosha 與 Pitta dosha 的屬性。
- 「鹹味」是形成「水和火元素」的分子，亦是 Pitta dosha 與 Kapha dosha 的屬性。
- 「澀味」是形成「氣和少量土元素」的分子，亦是 Vata dosha 的屬性。

為方便大家理解，在這裡做個歸納：

Vata dosha

- 所屬味道：苦味、澀味、辛辣味。
- 大地元素：氣和空間。
- 特性：冷性、乾燥性、輕／光、流動性、不穩定性、粗糙、微妙的、清晰的、澀味。
- 功能：流動性的輸送。

Pitta dosha

- 所屬味道：酸味、鹹味、辛辣味。
- 大地元素：火和水。
- 特性：熱性、油性、液體、傳播性、輕／光、體味、尖銳、紅色、黃色、酸味。
- 功能：消化與吸收。

Kapha dosha

- 所屬味道：甜味、酸味、鹹味。
- 大地元素：土和水。
- 特性：冷性、沈重、緩慢、穩定、油膩的、光滑的、密實性、液體、黏糊糊的、靜態、潮溼、柔軟、甜。
- 功能：潤滑所有細胞、關節、組織、器官。

冷與熱 (Virya) 理論

　　每種食品、草藥均分為冷性或熱性的效應。甜味、苦味、澀味屬於冷性效應，而辣味、酸味、鹹味被列為熱性效應。

消化後的味道 (Vipaka) 理論

　　阿育吠陀獨到的見解，認為最原始的味道經由烹飪後，有些食品的味道也跟著改變；而食品經由食道轉入腸胃區時，食品的原始味道會改變，稱為「消化後的味道（Vipaka）」。

- 原始味道「甜味、鹹味」經消化後轉為「甜味」。
- 原始味道「酸味」經消化後仍是「酸味」。
- 原始味道「苦味、澀味、辣味」經消化後轉換為「辣味」。

　　阿育吠陀認為，「疾病」是因為元素和 Doshas 的過盛或不足而產生的，當 Doshas 平衡時，疾病就不存在。

　　從這個角度可以看出，透過食物的味道、冷與熱和特質，可以緩解某個 Dosha 或者加劇某個 Dosha，味道與質量成為維持健康平衡的基本措施。

　　下列圖表顯示各個 Dosha 和元素、味道的直接與相互關聯，每人必須透過適當的飲食計劃維持健康平衡。

原始味道	Dosha	元素	效力	消化後轉換成的味道
酸	Pitta、Kapha	土	熱	酸
甜	Kapha	水、土	冷	甜
苦	Vata	氣	冷	辣
辣	Vata、Pitta	空間、火	熱	辣
鹹	Pitta、Kapha	火、水	熱	甜
澀	Vata	氣、空間	冷	辣

Dosha 和元素、味道、屬性的相互關係：

Dosha	元素	已有的味道	欠缺的味道	屬性
Vata	氣和空間元素	苦、澀、辣味	酸、鹹、甜味	冷、乾燥、粗糙、快速、移動、輕、不黏稠、不穩定
Pitta	火和微量水元素	酸、鹹、辣味	苦、澀、甜味	油性、熱、輕、激烈、流體、體味、傳播
Kapha	水和土元素	酸、鹹、甜味	苦、澀、辣味	油膩、冷、重、慢、穩定、密實、平滑、黏性、液體

選擇與自己不同屬性的食品，來平衡自身的 Dosha。例如：以 Vata dosha 為主導體質的人，應多攝取與自己不同元素、味道、效力的食品，比如說火、土、水元素的食品、熱性效力的食品、油性與溼潤的食品，都很適合 Vata 人食用；在味道的選擇上，應多攝取「酸、鹹、甜」的味道，至於「苦、澀、辣」只能微量攝取，因為那是自己本身就已經擁有的味道，不宜過多。

特殊素質 (二十 Gunas)

阿育吠陀將食品與草藥依原始味道、元素、冷與熱效應、消化後的味道分類，也將食品與草藥分類為二十種不同的質量，稱為 20 Gunas(見右圖)。

在下一個章節中，我們將討論食物的屬性、味道、Guna、元素，及與 Dosha 的相互衝突或相互平衡。

質量 （Guna）	元素	例子	對 Dosha 的影響
重	土、水	肉類、奶酪、任何堅果	飽足感，健康營養，緩慢消化
輕	空間、氣、火	米、爆米花、豆芽、所有辣味	輕的質量在身體，容易消化
冷	水、氣	小麥、牛奶、薄荷	振興，營養
熱	火	辣椒、胡椒、酒精、蛋	提高消化、食慾，熱，能源
油性	水	奶酪、酪梨、椰子、油	有利於所有組織，營養，潤滑
乾燥	氣、火	小米、黑麥、乾燥穀類	增加乾燥，減少脂肪，吸收液體，減少體重
緩慢	土	肉類、酸奶、豆腐	加重呆滯，沉重的消化
快速	火	多數的香料	促進食慾，胃火，酶，減少黏液
穩定	土	Ghee（酥油）、乾燥的豆類	提供穩定，建設肌肉、脂肪和骨頭
移動	氣、水	酒精、豆芽、爆米花	提供運動給三個 doshas
柔軟	空間	Ghee、酪梨、油	提高柔軟度
硬	土	椰子、杏仁、芝麻	提供肌肉與骨骼強度的穩定性
不黏滑	空間	淡水、藻類、青菜、果汁	清除流通渠道，降低三個 Doshas
黏性	水	酸奶、奶酪	營養，增加體重
平順	空間	Ghee、酪梨、油	建立平滑度
粗糙	氣、火	沙拉、爆米花、生吃的蔬菜	生產粗糙度
大	土	肉類，奶酪，蘑菇	增加肥胖、脂肪，使細胞鬆散
微妙的 / 小	氣、空間	Ghee，蜂蜜，酒精	提供亮度和中空的骨骼
密集 / 固體	水、土	奶酪，肉類，椰子	提供密度、穩定和力量
液體	水	牛奶，水果，果汁，青菜汁	提供營養，平衡流體

第三部　食物特質與療方

前面我們談論人類的體質屬性，你可知道，食物也有特質屬性，例如：生長在海裡的動植物，大都是水元素，屬鹹食品；從土裡長出來的，大都有土元素，含有一些甜味和帶著油性。

根據阿育吠陀闡述，健康的根本是來自於平衡自己的 Vata、Pitta 和 Kapha doshas。如果每個人攝取的食物，適合自己的體質，那就不需要提供額外的營養品，如維他命和礦物質。擁有適當的消化腸火 (Agni) 是完美健康的主要原因，Agni 負責消化和吸收食物，並轉換成不同的健康組織，關鍵是要攝取適當味道與質量的食物。

阿育吠陀建議，每人每日應攝取六味道（酸、甜、苦、辣、澀、鹹），以平衡自身的 Doshas。然而，根據自己的體質，制定平衡的飲食計畫時，仍然要避免不相容的食品不小心被一起食取。

食物依據味道而分類

酸味

酸味來自於土元素和火元素，所有的有機酸被認為是酸的物質。任何人都可食用少許的酸味，可以幫助消化且消除身體的廢物，有利於平衡 Vata dosha。

食品列舉：

酸味的水果，如檸檬、酸橙、橘子、柚子、荔枝、草莓、鳳梨、百香果、櫻桃、李子、葡萄柚、羅望子、綠葡萄、香蕉、蕃茄；乳製品，如酸奶、乳酪、乳清、奶油等；發酵物質，如酒、醋、醬油、味噌、酸白菜、泡菜；碳酸飲料，如汽水、啤酒、香檳等。

一般效力：

可以提高消化腸火，消除多餘的氣體，滋養心臟，增強心臟功能。也可增強力量，幫助循環消化尿液和糞便，維持身體的酸度。

過量攝取：

會引起胃酸、胃腸潰瘍，甚至穿孔，喉嚨灼熱感，尿道感染。過多的發酵食品會引起皮膚炎症、痤瘡、皰疹、溼疹、小痘、身體灼熱感、沸騰發燒的感覺，身體鬆軟失去力氣，口渴、搔癢、臉色蒼白，Pitta 形式的貧血。

■ 在疾病飲食調整期間，需要酸味的人：
1. 有心臟疾病的人。
2. 有 Vata 障礙和 Vata 形式疾病的人。
3. 消化不良的人。

甜味

甜味可以滋養和安撫身體，減輕飢餓感，是每種類型身體所需要的。甜味來自於水元素和土元素，可以平衡 Vata 和 Pitta dosha。

食品列舉：

任何形式的糖，如棕色糖、白糖、蜂蜜、糖蜜、甘蔗產品；穀類，如小麥、大米、小米、大麥、燕麥、玉米；豆類，如扁豆、豌豆、四季豆；牛奶、甜牛奶產品、印度酥油、奶油、油、脂肪；水果，如椰子、香蕉、葡萄、葡萄乾、紅棗、無花果、甜橙、芒果、桃子、李子和果汁；蔬菜，如馬鈴薯、紅薯、黃瓜、胡蘿蔔、甜菜、花椰菜；動物產品，如牛肉、魚、羊肉、豬肉；香料，番紅花、丁香、荳蔻、肉桂；大多數堅果及甘草。

一般效力：

提高身體組織（血液、脂肪、肌肉、骨骼）的功能，提高免疫力，延長壽命，增加力量，讓我們感覺到情感和身體的滿足感，讓頭髮可以良好的生長，可以溼潤咽喉。

過量攝取：

可能會導致食慾不振，消化不良，頸腺增大，令人感到沈悶和嗜睡，造成毒素，導致腫瘤、肥胖、水腫和糖尿病。

■ 在疾病飲食調整期間，需要甜味的人：
1. 身體虛弱的人。
2. 有 Vata 疾病的人。
3. 有出血疾病的人。

苦味

各種體質的人可食用中等份量的苦味，有排毒作用，能清理肝臟和控制皮膚疾病，這對於 Pitta 人尤其重要。苦味是氣元素，可以平衡 Pitta 與 Kapha dosha，如果需要降低 Pitta 的體溫時，可攝取較多量的苦味，如蘆薈、煉樹等；Vata 人則少量使用。

食品列舉：

水果，如橄欖、柚子、可可、石榴；蔬菜，如菊苣、苦瓜、芥菜、菠菜、深綠色葉菜、胡蘆巴種子、生菜、薑黃、蘆薈、蕁麻葉、羅勒、檸檬皮、大麥、龍膽根、蒲公英根、牛蒡根、金縷梅；咖啡、奎寧水、開胃酒等。

一般效力：

有助於調節器官，解毒，緩解搔癢、寄生蟲、細菌和燒灼感，淨化母乳，淨化血液，緩解皮膚病、發燒、噁心和口渴，幫助降低血糖水平，減輕腸道氣體。

過量攝取：

會損害心臟，消耗組織，消耗血漿、骨髓和精液，產生 Vata 疾病，在心理上容易焦慮、恐懼和失眠。

■ 在疾病飲食調整期間，需要苦味的人：

1. 患有風溼痛的人。
2. 有皮膚障礙（癢、疹子、癬等）的人。

辣味

辣味來自於空間元素和火元素，可以平衡 Kapha dosha，而會加重 Vata 和 Pitta dosha，辣味可刺激食慾、維持新陳代謝，及平衡身體裡的分泌物。

食品列舉：

香料，如辣椒、黑胡椒、芥菜籽、生薑、小茴香、丁香、荳蔻、大蒜、薑黃、茴香、肉桂、牛至、百里香、薄荷、阿魏等。蔬菜，如蘿蔔、洋蔥、花椰菜等；以及所有的揮發油。

一般效力：

清除口腔異味與黏液，治療咽喉疾病，可以緩解因 Vata 和 Kapha 條件所引起的過敏性皮疹。可治癒創傷、止癢。改善消化，有助於吸收營養。刺激血液循環，殺死寄生蟲，幫助排便，有助於新陳代謝和減肥。

過量攝取：

會引起心臟燒灼，消化性潰瘍，性衰弱和消耗生殖液的力量，產生昏厥、震顫，腰背痛和疲勞。在心理上容易生氣、急躁。

■ 在疾病飲食調整期間，需要辣味的人：
1. 有傷口的人，辣味可幫助傷口癒合。
2. 消化能力低或消化困難的人。

鹹味

鹹味來自於火元素和水元素，有利於 Vata 人，它可以刺激淋巴系統和激活消化道，但是鹹味容易將水分保留在體內，故 Pitta 和 Kapha 人不宜多攝取。尤其是 Kapha 人，鹹味在消化過後會轉化為甜味，若攝取過多的鹹味，容易造成身體水腫，身體也會愈發的寒冷。

食品列舉：

各種鹽類，如海鹽、岩鹽；各種含有鹽的食品，如鹹菜、堅果芯片食品、快速食品、海帶、海鮮、海藻、酸辣醬、韓國泡菜等。

一般效力：

消化毒素，提高消化火，保持水分，給食物味道，改善食慾。潤滑組織讓身體柔軟，維持新陳代謝。減輕結腸痙攣和通便的疼痛，有助於維持電解質平衡。

過量攝取：

會導致高血壓和酸度過多，在體內保留水分造成腹脹和水腫，引起皮膚發炎，起疹子，皮膚病，皰疹，皺紋，白髮和禿髮，產生腫脹，降低體溫。在心理上容易憤怒、急躁和昏睡。

■ 在疾病飲食調整期間，需要鹹味的人：
1. 患有 Vata 疾病的人。
2. 低消化火的人。

3. 身體疼痛，呼吸困難的人。

澀味

澀味來自於氣元素和空間元素，可以平衡 Kapha 和 Pitta dosha， 尤其是 Pitta 人則是非常適合，因為澀味的冷性可以降低 Pitta 人的熱溫度。

食品列舉：

黃薑、蜂蜜、核桃、榛子；豆類，如扁豆、豌豆、綠豆芽、鷹嘴豆；蔬菜，如大黃、綠葉蔬菜、花椰菜、高麗菜、芹菜、花生、菠菜、馬鈴薯、秋葵、香菜，和大部分生吃的蔬菜；水果，如蘋果、蔓越莓、小紅莓、石榴、草莓、柿子、未成熟的香蕉，和大多數未成熟的果實；肉桂香料。

一般效力：

可以治癒創傷、潰瘍，減少分泌物，特別是出汗。淨化血液，透過乾燥的澀味可排出身體多餘的水分和減少油性，改善皮膚色調。同時可以冷卻過度火熱的思想，消除嗜睡。

過量攝取：

會產生氣

體，心臟痙攣，便秘，精子耗盡，性功能喪失，同時引起乾燥、口渴 ，和消瘦的身體。

■ 在疾病飲食調整期間，需要澀味的人：
1. 腹瀉的人。
2. 有皮膚障礙、皮膚病的人。

食物依據元素來分類

食物包含元素特徵（五元素）、質量屬性（二十 Gunas）與能量（造型、顏色、味道、質地、大小、香味、溫度）。以下列舉元素特徵的食物。

土元素的食物

屬性：通常是固體、接地性、甜味、粗糙的外觀、穩定性、密實性、硬、重、大、油性、輕微的澀味。

益處：提供營養給身體，給身體帶來穩定、力量、沈重、肌肉。在生理上幫助所有細胞膜和結構，建構肌肉和骨骼的組成。

舉例：如米、小麥、玉米、燕麥、栗等所有的穀物，扁豆，根類青菜。

水元素的食物

屬性：通常含有液體、潮溼、冷性、油膩、重、光滑、移動、密實、軟、黏糊糊的，有強烈的甜和鹹味。

益處：提供油質給身體，產生愉悅，結合組織，潤燥，給身體振奮和強度。對於生理上的影響是給所有的組織流體，如血漿、淋巴結、血、脂肪、精液等。

舉例：如生長在海裡的動植物、魚、蝦、

海藻類。

火元素的食物

屬性：通常是熱性、尖銳、激烈、中等尺寸、亮／輕、乾燥、流體、清除。

益處：產生熱量，給予好的消化。在生理上可幫助所有的消化液、酶，增強視覺，提供好的顏色與光澤。

舉例：所有辣味的食物；所有酸味、辣味的水果及蔬菜；酸味、鹹味的醃製品及泡菜；酸性的食物和藥物；肉類食品、油性的食物、加熱的食物、堅果、紅色食物。

氣元素的食物

屬性：通常是移動、粗糙、堅硬、乾燥、冷性、亮／輕、不黏稠、暗色、苦味、澀味。

益處：給身體清晰度、乾燥度、粗糙度、運動、清洗，產生疲倦感。在生理上幫助皮膚、骨骼、神經、耳朵，和其他的感覺器官。

舉例：如豆類、大豆、扁豆、堅果。

空間元素的食物

屬性：通常是空心的、半透明、冷性、藍色、澀味、辛辣味。

益處：給身體產生柔軟度與亮度，有中空的空間。在生理上幫助器官的細胞膜、孔洞和毛孔。

舉例：如所有的烤穀物。

食物依據冷／熱性而分類

水果類

冷性：

蘋果、酪梨、杏子、甜漿果 (Berries most sweet)、綠色香蕉、椰子、紅棗、無花果、紅／黑色葡萄、萊姆、綠色芒果、甜瓜、梨、石榴、浸泡的梅子 (Soaked plums)、葡萄乾、山梅 (Raspberries)、草莓、西瓜。

熱性：

酸漿果 (Breeies most sour)、熟香蕉、哈密瓜、櫻桃、蔓越莓、綠色葡萄、柚子、奇異果、檸檬、成熟芒果、橘子、木瓜、桃子、柿子、鳳梨、李子、大黃、羅望子。

蔬菜類

冷性：

蘆筍、甜菜、苦瓜、花椰菜、高麗菜、白花菜、黃瓜、胡綏葉、芹菜、茴香、綠豆、羽

衣甘藍、生菜、秋葵、歐洲防風草、豌豆、馬鈴薯、大頭菜 (Rutabaga)、生菠菜、豆芽、夏南瓜 (Zucchini)、蕃茄、蒲公英葉、綠豆、甜紅薯。

熱性：

牛蒡根、紅蘿蔔、玉米、韭菜、蘑菇、朝鮮薊、茄子、大蒜、芭蕉、綠色甜菜、辣根、酸蕃茄、甜椒、芥菜、黑橄欖、洋蔥、黑胡椒、白蘿蔔 (Radish)、煮熟的菠菜、紅頭蘿蔔 (Turnips)、紅辣椒、綠辣椒、薑黃、薑。

穀物類

冷性：

大麥、燕麥麩皮、燕麥、義大利麵、藜麥、白米、木薯、小麥、巴斯蒂大米、年糕、西米 (Sago)。

熱性：

蕎麥、玉米、小米、棕米、黑麥。

豆類

冷性：

豌豆、黑眼豌豆、鷹嘴豆、紅色扁豆、綠豆、紅豆、利馬豆、黑豆、斑豆 (Pinto beans)、大豆、豆腐。

熱性：

海軍豆 (Navy beans)、木豆、芸豆 (Kidney beans)、味噌、大豆奶酪、醬油、豆豉、白豆。

甜味劑

冷性：

麥芽、紅棗糖、果糖、楓糖漿、白糖、紅糖。

熱性：

蜂蜜、蔗糖、粗糖。

油品

冷性：

酪梨油、椰子油、向日葵油、大豆油。

熱性：

杏仁油、紅花油、芝麻油、核桃油、玉米油、芥子油、黑橄欖油、篦麻油。

乳製品、堅果、種子類

冷性：

無鹽黃油、牛奶、羊奶、無鹽奶油、酥油 (ghee)。

熱性：

優格、乳酪（硬）、乳酪（鹹）、杏仁、澳洲堅果、松子、腰果、花生、開心果、核桃、榛子、黑色種子。

香料、草藥、調味料、海藻類

冷性：

蒔蘿葉和種子、薄荷葉、香菜、綠色孜然、印度楝樹葉、冬青、茴香、香草、葛根、玫瑰水、車前子種子、向日葵種子。

熱性：

多香果、丁香、阿灣 (Ajwan)、咖哩粉、黑色孜然、長胡椒、八角、生薑、迷迭香、阿魏、辣根、羅勒、墨角蘭、芥菜子、黑胡椒、肉荳蔻皮和果實、香菜子、麝香、辣椒、薑黃、橘皮、肉桂、葫蘆巴葉和種子、黑鹽、礦鹽、海鹽、牛至、罌粟種子、鼠尾草、百里香。

茶類

冷性：

紫花苜蓿、琉璃苣、燕麥秸稈、大麥茶、蓮花、覆盆子、黑莓、蕁麻葉、草莓、黃春菊、

薰衣草、菊苣、檸檬草、薄荷、接骨木、西番蓮、啤酒花、冬青、茉莉花、歐蓍草、菊花、菝葜、紅三葉草、甘草、蒲公英、檀香、玉米鬚、香蜂草、茴香、玫瑰鮮花。

熱性：

阿灣、桉樹、艾蒿、羅勒、胡蘆巴、菖蒲、荳蔻、人參、肉桂、牛膝、野生薑、丁香、杜松果、牛蒡、迷迭香、鼠尾草、印度羅勒。

食物依據心靈三 Gunas 而分類

前面的章節中，有提到阿育吠陀影響人類心靈的三層原因，稱為心靈三 Gunas。飲食可以調整過度扭曲的 Doshas，將身體回復到原屬於自己的樣子，那麼我們也可以藉由所攝取的食物，來調整我們大腦的思想與心理的平靜，或是調整過度的衝動及懶惰。下列提供一些先賢及醫生們歸類的三 Gunas 食物，供大家參考。

Sattwa 食物

　　赤豆、首蓿芽、杏仁、莧菜、蘋果、杏核、朝鮮薊、芝麻、蘆筍、成熟香蕉、大麥、巴斯蒂米 (Basmati rice)、各種豆芽、蜂花粉 (Bee pollen)、甜菜、黑豆、黑眼豌豆、黑莓、藍莓、巴西堅果、蠶豆、綠花椰菜、球芽甘藍 (Brussels sprouts)、蕎麥、黃油乳酪、新鮮牛奶、高麗菜及捲心菜家族、哈密瓜、豆角、紅蘿蔔、腰果、白花椰菜、芹菜、甜菜、酸／甜櫻桃、栗子、中國山藥、椰子、羽衣甘藍、新鮮玉米、酸果蔓越莓、甜奶油、黃瓜、新鮮棗、菊苣 (Endive)、新鮮紅棗、榛子、黃春菊、薑、肉桂、茴香、綠荳蔻、甜味鮮花、新鮮果汁、適量的酥油 (Ghee)、柚子、葡萄、綠豆、青豆、山核桃、蜂蜜、耶路撒冷朝鮮薊 (Jerusalem artichoke)、甘蘭菜、扁豆、生菜、澳洲堅果、熟芒果、楓樹糖漿、健康的母乳、芥菜、海軍豆、燕麥、甜橙、秋葵、木瓜、蘿蔔、桃子、胡桃、松子、甜菠蘿、斑豆、梅子、石榴、馬鈴薯、梅干、南瓜、藜麥、葡萄乾、山莓、米、大頭菜、黃豆、新鮮豆漿、菠菜、草莓、甘蔗、西葫蘆 (Summer squash)、葵花籽 (Sunflower seeds)、紅薯、柑橘、核桃、豆瓣、西洋菜、西瓜、小麥、茭、冬瓜、山藥、新鮮酸奶。

Rajas 食物

　　任何罐頭、加糖的水果、酪梨、啤酒酵母、合成的牛奶、鹽醃乾酪、無鹽奶油、乳酪、紅棗糖、紅棗乾、蛋黃、蛋白、全麥、茄子、各種發酵食品、醬菜、花卉、食用菌、辣味道、果糖、瓶裝果汁、鷹嘴豆、大蒜、綠色的豌豆、番石榴、冰淇淋，粗糖 (Jaggery)、芸豆、檸檬、紅扁豆、黑橄欖、綠橄欖、花生油、花生米、麥芽糖漿、生芒果、糖蜜、辣椒、鹹菜、開心果、鹹魚、南瓜種子、大黃、米糠糖漿、各種鹽、豆漿、精製糖、蕃茄、醋、丁香、黑胡椒、白蘿蔔。

Tamas 食物

　　酒精、牛肉、雞、藥物、快餐食品、海水魚、家禽、油炸食品、冷凍食品、速凍果汁、山羊、冰、羊肉、豬油、韭菜、殘羹剩飯、人造奶油、微波食品、奶粉、各種蘑菇、洋蔥、豬肉、兔肉、青蔥、貝類、膨體植物蛋白、鹿肉、辣椒。

關於廚房香料與居家療方

香料在阿育吠陀的飲食中佔有重要的角色，印度當地的餐廳，都會在餐桌上備有一些香料，如茴香、孜然等，給食客自由取用，目的是幫助消化。在家裡廚房的櫃子裡擺放一些香料，選擇適合的香料加在菜餚中，不僅可以增加風味，也可以在家人有突發的狀況時，第一時間選擇適合的香料與做法，來應對突發的症狀，若無改善，就應該尋求醫生的協助。

鹽 Salt

鹹味是一種消化劑，提高了食物的味道；也是瀉藥和防腐劑，可用於誘導嘔吐。

「海鹽」是水元素，是鹹味，效力為熱性，消化後的作用為辣味，素質是重和保水性。可降低 Vata dosha，增高 Pitta 和 Kapha dosha。

「岩鹽」是水元素、土元素，是鹹味，效力為熱性，消化後為甜味，素質是輕、乾燥、消化強。

岩鹽是一種礦物鹽，非常助消化，它有一種特殊的味道，消化後轉化為甜味，可以降低 Vata dosha，同時也不是那麼加重 Pitta 和 Kapha dosha，也不會在體內保留水分。

「喜馬拉雅岩鹽」又被稱為「水晶鹽」，有天然的粉紅色，含有多種礦物質和人體需要的元素，在阿育吠陀和藏族中頗受喜愛。人們認為喜馬拉雅岩鹽獨特的結構能夠儲存振動能量，尤其適合瑜珈和冥想。

以鹽的種類而言，海鹽比精製鹽要好，而岩鹽又比海鹽好，更適合 Vata 人。

一般效能：可以軟化食物便於消化，輔助食慾和胃液，可漱口舒緩軟化黏膜和肌肉，可協助排出毒素，緩解肌肉緊張，可用於嘔吐清理腸胃。

* 禁忌：使用過度會加重血液稠度，削弱消化，增加噁心感、熱度和沉重感，不適合與重或潮溼的食物一起，例如乳製品、醃肉。

居家療方

1. 竇性頭痛和充血：1/2 杯溫水中混合 1/2 小匙的鹽，在兩個鼻孔中滴入五滴鹽水，將有助於緩解因鼻竇充血的頭痛。
2. 緩解噁心感：早餐前喝一杯溫鹽水，再用手指按壓舌頭誘發嘔吐，溫鹽水會導致腸道運動，緩解噁心感。
3. 因出汗而產生的頭暈：在一杯水中加入 1 小匙鹽和 1/2 茶匙的酸橙汁，可緩解頭暈。
4. 因扭傷產生的腫脹：在熱水盆中加入 2 茶匙的岩鹽，泡腳 15 分鐘，鹽可以減輕因為腳踝扭傷而產生的水腫和腫脹。或取 1 單位的岩鹽和 2 單位的薑黃粉，加入適量的水，攪勻成糊劑，貼在扭傷腫脹處，將有助於緩解水腫和脹痛。
5. 喉嚨痛和喉炎：睡前用一杯溫熱水加入 1/2 茶匙鹽和 1 茶匙薑黃粉漱口。

綠荳蔻 Cardamom

綠荳蔻含有火元素、空間元素和土元素，帶有甜味和辣味，效力為熱性，消化後的作用為甜味，素質是輕、油性、助消化。綠荳蔻可降低 Vata 和 Kapha dosha，若少量使用可以平衡 Pitta dosha，過量使用則會增加 Pitta dosha。

一般效能：可以緩解咳嗽、呼吸困難、排尿困難和痔瘡。經常將綠荳蔻加入菜餚，不但可以幫助消化，也可以改善食品的味道，是很受大眾喜愛的香料。阿育吠陀中心通常會在療程後，遞一壺加了薑和綠荳蔻的熱茶給來排毒的人，綠荳蔻薑茶是非常有助於幫助排毒的，尤其在療程過後，效果更佳，不但可以加深排毒療效，亦可幫助清理腸道。

居家療方

1. 性衰弱：取 1/2 茶匙酥油及一撮綠荳蔻粉和阿魏，全部混合加入在一杯熱牛奶中，於睡前飲用，二週後可改善。

2. 出血性疾病：各取一撮的綠荳蔻粉、番紅花和肉荳蔻粉，及 1/2 茶匙的蜂蜜，1 茶匙的蘆薈汁，以上全部混合，一天二次，可以舒緩出血症狀。

3. 咳嗽、呼吸困難：取一撮綠荳蔻粉和一撮岩鹽，再加上 1 茶匙酥油和 1/2 茶匙蜂蜜混合，取一湯匙慢慢舔，可以緩解症狀。

4. 排尿灼熱感：取 1 茶匙綠荳蔻粉和 1/2 杯黃瓜汁混合，一天二次。另，取一克綠荳蔻粉加酒混合後，再加進溫水中，可減少尿路困難。

5. 其他：

■ 1/2 茶匙綠荳蔻粉加蜂蜜，可幫助刺激味覺，改善食慾不振，很適合成長中的孩童，也很適合老人和生病剛痊癒的人。在餐前喝 1 茶匙，可以增加食慾和體力。

■ 取二撮綠荳蔻、1/2 茶匙蜂蜜與 1/2 杯酸奶混合，可以緩解噁心。

■ 取二撮綠荳蔻加入麥片或玉米粥中，可以預防蛀牙。

■ 喝咖啡會讓腎上腺緊張，如果在咖啡中加入一些薑和綠荳蔻，可以抵銷這種效應。

黑胡椒 Black pepper

　　黑胡椒含火元素，帶有辣味，效力為熱性，消化後的作用為辣味，素質是乾燥、助消化、尖銳。可以降低 Vata 和 Kapha dosha，增高 Pitta dosha。

　　一般效能：興奮劑，驅風劑，減充血劑，祛痰劑，預防感冒、流感、咳嗽、嗓子痛，緩解發燒，清洗結腸，可減少脂肪和肥胖，加強新陳代謝，減少黏液、痰，緩解鼻竇充血、四肢冰冷、胃灼熱，清除 Kapha dosha，殺菌，促進肺和心臟的健康。

居家療方

1. 聲音嘶啞和咳嗽：用 1/4 茶匙的黑胡椒粉混合 1 茶匙酥油，在午餐和晚餐後慢慢吞嚥，可以緩解因過度使用而受傷的嗓子。
2. 慢性發燒：在一杯熱水中，加入 1 茶匙印度羅勒 (Tulsi) 和 1/4 茶匙的黑胡椒粉，待水溫變稍涼時，再加入 1 茶匙的蜂蜜，一天飲用二到三次。
3. 下腹部疼痛：取一撮黑胡椒粉和阿魏粉，與 1 茶匙的蜂蜜混合著吃。
4. 過敏性皮疹：取 1 茶匙的蜂蜜和一撮黑胡椒粉混合，可以口服及外敷在患處。

阿魏 / 興 Asafoetida / Hing

　　阿魏含有火元素，味道帶有辣味和苦味，效力為熱性，消化後的作用為辣味，素質是輕、油性。可提高 Pitta dosha，降低 Vata 和 Kapha dosha，是 Tamas 香料。

　　一般效能：阿魏是一種樹酯香料，在印度是普遍的廚房菜餚用料，也是阿育吠陀醫療用藥。阿魏它是興奮劑，驅風劑，解痙攣藥及驅蟲藥，有一些醫者認為它是最好的緩解 Vata dosha 香料，最適於緩解腹脹疼痛、抽筋和排解氣體，對於寄生蟲、蠕蟲、念珠菌、月經延遲或疼痛、疼痛焦慮、精神緊張、眩暈、歇斯底里、憂慮、抑鬱、嗜睡、咳嗽、哮喘、關節炎、頭痛、神經痛、癱瘓有助益，加強循環、心臟功能，緩解心悸、心絞痛，可以用於驅魔。

居家療方

1. 緩解脹氣：經常將一撮阿魏、一撮茴香，加入豆類菜餚中，可緩解豆類所帶來的氣體。

肉桂 Cinnamon

　　肉桂含火元素、氣元素、土元素，帶有甜味、辣味、苦味，效力為熱性，消化後的作用為辣味，素質是乾燥、清、油膩，是 Sattwa 食品。它可以降低 Vata 和 Kapha dosha，少量使用可以平衡 Pitta dosha，過量使用則會加劇 Pitta dosha。

　　一般效能：興奮劑，發汗劑，利尿劑，祛痰劑，驅風劑，替代劑，收斂劑，鎮痛劑，幫助循環、結締組織、心肌，減緩牙痛、顏面神經疼痛、關節炎、下腰痛、月經、生育能力弱，產後恢復，緩解感冒、鼻竇充血、支氣管炎，可幫助消化，消除毒素和提高循環，有助於防止因為血液過度稀釋而產生的心臟不適。

居家療方

1. 針對一般的冷症、咳嗽或循環阻塞：
可取 1/2 茶匙的肉桂粉和 1 茶匙的蜂蜜混合，一天二到三次。
2. 針對於實性頭痛：
試著用 1/2 茶匙的肉桂粉與水混合，攪拌成糊狀，貼在額頭處。
3. 針對於腹瀉：
1/2 杯酸奶加入 1/2 茶匙的肉桂粉和一撮的肉豆蔻粉混合，一天三次可以舒緩腹瀉的症狀。
4. 協助循環弱，降低膽固醇，平息哮喘：
取 1 茶匙的肉桂粉和各 1/4 茶匙薑，黑胡椒，長胡椒及 1 茶匙蜂蜜全部混合，加入一杯熱水中，靜置十分鐘後即可以喝，一天二次。

丁香 Clove

丁香含有氣元素和火元素，味道帶有苦味、辣味，效力為熱性，消化後的作用為辣味，素質為輕、油性。可增加 Pitta dosha，降低 Vata 和 Kapha dosha。

一般效能：刺激物，祛痰劑，減充血劑，驅蟲藥，止痛，壯陽藥，幫助消化，減輕鼻竇和支氣管黏膜充血與鼻竇充血的頭痛，減緩噁心及嘔吐感、牙痛、打嗝、咽喉炎、咳嗽、哮喘，預防和清洗淋巴管，幫助排氣、陽痿，打開和清除渠道。

居家療方

1. 冷症、咳嗽：1 茶匙蜂蜜加上一撮的丁香粉混合，一天二到三次。
2. 消化不良和缺乏食慾：一撮丁香粉加上各 1/4 茶匙薑、黑胡椒、長胡椒，再加上 1 茶匙蜂蜜，以上全部混合在餐前五分鐘服用。
3. 聲音嘶啞：取一撮丁香粉、一撮綠荳蔻粉、1/2 茶匙甘草粉、1 茶匙蜂蜜全部混合，含在口中慢慢融化，一天可數次。
4. 突然的腹瀉：取丁香、番紅花、荳蔻粉各一撮，加在半杯酸奶中，一天二次。
5. 急性牙痛：取一滴丁香油滴在牙齒上可舒緩牙痛。

香菜 Coriander

香菜含有土元素、氣元素，味道帶有甜味和澀味，效力為冷性，消化後的作用為甜味，素質是輕、油、光滑。三 Doshas 都適用。香菜子為熱性。

一般效能：幫助消化、降低發燒、利尿，尤其有利於 Pitta dosha。

居家療方

1. 過度口渴或尿道有燒灼感：取 1 茶匙香菜子、1/2 茶匙 Amalaki、1/2 茶匙肉荳蔻、1/2 茶匙冰糖，全部加進一杯熱水中，放置一整晚，隔天早晨喝光。
2. 突然發燒：取 1/2 茶匙香菜 (或新鮮香菜)、1/2 茶匙肉桂粉、1/4 茶匙薑粉，加在 500cc 的熱水中，靜置十分鐘後飲之。
3. 腎結石與排尿困難：取 1 茶匙香菜、1/2 茶匙 Gokshura(藥草植物)，加在煮飯的米水中，一天二次。
4. 因 Pitta 過盛而產生的皮膚疹子、蕁麻疹：取 1 茶匙香菜、1/2 茶匙茴香、1 茶匙天然糖，全部加在一杯溫的牛奶中，外敷在患處，可以透過浸泡得到舒緩。
5. 結膜炎：取 1 茶匙香菜子，加入開水煮 15 分鐘，等待冷卻之後，可用來洗眼睛。
6. 幫助消化：各取 1 茶匙的小茴香、香菜子、大茴香子，加入 500cc 水中煮 15 分鐘，可溫溫的喝。

孜然 Cumin

又稱綠色小茴香，孜然含有火元素和氣元素，味道帶有辣味和苦味，效力為冷性，唯有黑色孜然是熱性，消化後的作用為辣味，素質是消化、輕和乾燥。三 Doshas 都適合使用。

一般效能：興奮劑，驅風劑，利尿劑，緩解結腸炎，幫助排氣和消化，解腹漲痛。不太常見的黑色小茴香為熱性，是可以讓所有 Doshas 使用的香料種子，由於其獨特的味道和美妙的藥用價值，是阿育吠陀烹飪的重要香料。任何消化不良，人們幾乎可以閉著眼睛說，就用孜然點燃胃火，提高腸內礦物質的吸收。它有助於減輕氣體的問題，也可以作為一個溫和的止痛藥。肚子痛、噁心和腹瀉，可以通過孜然得到緩解，也幫助組織恢復。針對暴飲暴食者和重的食物，加上孜然是最適合的做法。

居家療方

1. 降發燒：用等量的孜然種子、香菜子、茴香子混合，取 1 茶匙的混合物加入 500cc 的熱水中，靜待十分鐘後慢慢喝，可以漸漸降溫。
2. 突發性胃痛：取 1/3 茶匙孜然粉、一撮阿魏、一撮岩鹽，加入熱水中靜置十分鐘，喝下可緩解胃痛。
3. 陰道感染：取 1 茶匙孜然子、1 茶匙酥油、1 茶匙甘草粉全部加起來，置入一公升的水煮十分鐘，等待水變溫的，可以沖洗患處。

桂冠葉 Bay leaf

桂冠葉含有土元素、火元素和氣元素，味道帶有甜味、辣味和澀味，效力為熱性，消化後的作用為辣味，其素質是發汗。可降低 Vata 和 Kapha dosha，提高 Pitta dosha。

一般效能：發汗劑，興奮劑，驅風劑，鎮痛劑，清潔劑，可清潔渠道，減輕咳嗽和充血，減緩腹瀉、痔瘡，可作驅蚊劑。在乳製品、肉類、潮溼的黏性食物中，特別適合加入桂冠葉。

居家療方

1. 消化不良：取 1/2 茶匙的桂冠葉和一撮的綠荳蔻粉加到一杯熱水中，浸泡十分鐘後，即可喝。
2. 下腹部疼痛：取 1/4 茶匙桂冠葉、1/4 茶匙 Ajwan、1 茶匙蜂蜜，一天二次在午餐和晚餐前使用，可減緩疼痛。

薑 Ginger

新鮮的薑含有土元素和火元素，味道有甜味和辣味，效力為熱性，消化後的作用為甜味，素質是油膩、重和多汁，能降低 Vata 和 Kapha dosha，Pitta 人可少量使用，攝取過度則增高 Pitta dosha。乾薑含有火元素和土元素，味道帶有辣味，效力為熱性，消化後為辣味，其素質為乾燥、輕和穿透性強，可降低 Vata 和 Kapha dosha，增高 Pitta dosha。雖然說，新鮮的薑和乾燥的薑對於 Vata 人和 Kapha 人都可使用，但我仍然建議 Vata 人應多使用新鮮的薑，而 Kapha 人則盡量使用乾燥的薑。

Pitta 人少量使用新鮮薑，忌用乾燥薑。乾薑與新鮮薑的使用功能不同，是考慮到消化後的味道 (Vipaka) 不同，但在其效能上是一樣的，都能提高腸火 (Agni) 的消化能力、吸收功能和體溫。

一般效能：加強循環及疏通阻塞，幫助分解血液凝塊，並且可以防止心臟不適發作，是很好的居家補救的食材和藥材。尤其是一般性的感冒、冷和呼吸困難，加入在食材中，立即可緩解症狀。

居家療方

1. 刺激腸火 (Agni)：在用餐之前，咀嚼沾了少許鹽的新鮮生薑薄片，有助於開胃和刺激腸火。
2. 脹氣、便秘、下腹部疼痛：餐後取 1 茶匙的新鮮生薑汁和 1 茶匙的萊姆汁有助於消化，同時有助於緩解多餘的氣體、便秘和下腹部疼痛。
3. 嘔吐：取 1 茶匙新鮮生薑汁和 1 茶匙洋蔥汁，可減輕嘔吐感。
4. 腹瀉和下腹部疼痛：擦一些新鮮的生薑汁在肚臍的周圍可減緩疼痛。
5. 鼻竇充血：取 1 茶匙生薑汁加 1 茶匙蜂蜜，一天三次可減緩鼻竇充血。
6. 感冒、咳嗽、流感充血：一杯茶中加入 1 茶匙乾薑、1 茶匙肉桂、1 茶匙茴香，有益於減輕症狀。
7. 鼻竇性頭痛：取 1/2 茶匙的乾薑粉加水混合成糊狀，貼在額頭上，有減緩頭痛的效果，唯 Pitta dosha 應謹慎使用。

茴香 Fennel

茴香含有氣元素、土元素和水元素，味道中帶有甜味、澀味，效力為冷性，消化後的作用為甜味，素質是微妙、通便和油性。可以平衡三 Doshas，是 Sattwa 香料。

一般效能：興奮劑，利尿劑，驅風劑，胃藥，解痙攣藥，內分泌劑，緩解腹痛（脹氣或消化不良）、月經來潮腹脹、疝氣、腹瀉、絞痛、嘔吐、孕吐、噁心、厭食、咳嗽、乾咳、增長精液，緩解急性排尿困難或排尿灼熱感，幫助兒童和老年人的消化，促進月經循環，增加母乳流量，有助於驅除腸道蟯蟲和緩解痔瘡。

40

居家療方

1. 消化不良：嚼 1/2 茶匙烤過的茴香子、孜然子可幫助消化。
2. 急性腹瀉：取烤過的茴香粉和薑粉各 1/2 茶匙，一天二至三次，可緩解腹瀉。
3. 急性感冒、急性咳嗽、上呼吸道充血：烤 1/2 茶匙茴香粉與 1 茶匙天然糖，一天二至三次。
4. 浮腫：取 1 茶匙的茴香子泡一杯熱水，慢慢喝。
5. 排尿灼熱感：喝茴香茶加上一茶匙的天然糖。

肉荳蔻 Nutmeg

含有甜味、辣味、澀味，效力為熱性，消化後的作用為辣味，其素質為提神、助消化，會增高 Pitta dosha，降低 Vata 和 Kapha dosha。

一般效能：興奮劑，驅風劑，收斂劑，用於腹痛、痛經、失眠，幫助小腸吸收，緩解腹脹、尿失禁、腹瀉、痢疾、陽痿、精神障礙、緊張、焦慮、歇斯底里。它改善了食物的味道，有利於消化，能緩解咳嗽，誘導睡眠和減輕疼痛。

居家療方

1. 頭痛：取一些肉荳蔻粉和水混合成為糊劑，將糊劑塗抹在受頭痛的區域。
2. 失眠：等量的肉荳蔻粉和等量的酥油混合，上床之前在眼睛周圍和前額塗上糊劑，可以幫助進入睡眠。
3. 腹瀉：混合 1/3 茶匙的肉荳蔻粉和 1 茶匙暖的酥油，每天慢慢吃二到三次。
4. 懷孕期間噁心和嘔吐：在 1/2 杯溫熱牛奶中加入一些肉荳蔻粉和綠荳蔻，可以緩解想嘔吐的狀況。
5. 關節炎疼痛：用肉荳蔻油潤滑關節。

芥菜籽 Mustard seed

芥菜籽含有火元素和空間元素，味道帶有辣味，效力為熱性，消化後的作用為辣味，素質是尖銳、輕和油性。

棕色或黑芥菜種子可降低 Vata 和 Kapha dosha，尤其是 Kapha dosha，但會引導 Pitta dosha 使其增高。

一般效能：興奮劑，止痛藥，祛痰藥，瀉藥，芥菜籽最強大的作用是幫助治癒支氣管系統。芥菜種子非常有益於治療扭傷、疼痛或幫助擺脫腸道蠕蟲。

芥菜籽油是強熱性，所以最好在寒冷的氣候中使用。如果你在菜餚中加了芥末子，它的辣味會掩蓋其他的味道，故少少用之。黃芥菜種子具有相似的性質，但是更溫和一些。

居家療方

1. 支氣管哮喘：取 1 茶匙棕色芥菜籽油與 1 茶匙天然糖混合，每天二或三次空腹飲下。或取 1/4 匙的芥菜籽和長胡椒或黑胡椒，1/2 茶匙蜂蜜，每天二或三次 2 茶匙。塗芥菜籽油在胸部也可以緩解症狀。

2. 持續性咳嗽：將 1/2 茶匙芥菜種子和 1/2 茶匙薑粉與 1 茶匙蜂蜜混合，慢慢的吃，每天二至三次。

3. 皮膚癢：在洗澡前一小時將芥菜籽油塗抹到該區域，不要塗在非常敏感的區域，如生殖器或乳頭。

4. 踝關節扭傷、肌肉或關節疼痛、腿部水腫：將足部或手浸泡在熱水中，取 2 茶匙的芥菜種子放入棉袋中，再將棉袋浸在熱水中。在患關節炎的關節上擦芥菜籽油，再用浸泡的棉袋來回的摩擦。如果取一塊厚厚的棉布，將芥菜籽漿的泥塗在棉布上，透過棉布敷在肌肉疼痛的部位，但不要直接把芥菜子泥貼在皮膚上。另外，芥菜子泥敷劑也有助於減少因脾臟腫脹的疼痛。

印度羅勒 Tulsi

　　印度羅勒含有土元素和氣元素，味道帶有辣味、甜味和苦味，效力為熱性，消化後的作用為辣味，其素質為乾燥、輕，可降低 Vata 和 Kapha dosha，增高 Pitta dosha。

　　一般效能：緩解發燒，幫助發汗，鎮定神經。從鼻腔和肺清除多餘的 Kapha。它有一種清爽、愉快的氣味，所以在你的房子裡可以淨化空氣。它有利於清除腦部神經阻塞，減輕抑鬱症，提高免疫系統，緩解頑固的皮膚疾病、咳嗽和呼吸困難。我們在北美熟悉的羅勒有一些相似的性質，但效果不大一樣。

番紅花 Saffron

　　番紅花含有土元素、氣元素和火元素，味道帶有苦味、辣味和甜味，其效力為冷（接近中性），消化後的作用為辣味，其素質為輕、乾燥和油性，可平衡三 Doshas。有些學者主張番紅花為熱性，而有其他學者主張為冷性，實際上是接近中性。

　　一般功效：常被添加在檀香膏中，冥想時塗在前額頭，可以鎮定神經系統。不但可以平衡三 Doshas，同時也有利於改善膚色。可當血液清潔劑、肝解毒劑、神經補品、血液稀釋劑，和作為心臟補品。它是春藥，可以幫助增加精子數，也是子宮補品。另外也可以用於咳嗽、感冒、充血和痔瘡。

居家療方

1. 流感：取 1 茶匙印度羅勒加入水中煮一分鐘，慢慢喝可減輕流感所帶來的不適。
2. 慢性發燒：一小撮黑胡椒加 1 茶匙印度羅勒，置入一杯水煮沸，每天喝二到三次。
3. 普通感冒、咳嗽和寶性關節炎：各 1/4 茶匙印度羅勒、乾薑和 1/2 茶匙肉桂加在 1 杯熱水中，每天服用二或三次。
4. 噁心和嘔吐：1 茶匙新鮮的印度羅勒汁和 1 茶匙蜂蜜混合，每天吃兩次。

居家療方

1. 性慾衰弱：1 杯熱牛奶加少量番紅花。
2. 痔瘡：一撮番紅花、1/4 茶匙三聖果粉和 1 湯匙蘆薈凝膠，每天二次塗抹患處。
3. 哮喘和咳嗽：少量的番紅花，各 1/2 茶匙的薑、黑胡椒、長胡椒和 1 茶匙的蜂蜜混合，每天二或三次。
4. 心悸和胸痛：煮 1/2 杯的牛奶和水、2-3 根番紅花和 1/2 茶匙的 Ajuna 草藥，每天喝二或三次。
5. 腦補品：一撮番紅花和 1/2 茶匙的 Brahmi 草藥粉，在 1 杯牛奶中煮沸。
6. 洗眼：1/4 杯水中浸泡少量番紅花和玫瑰花至少 15 分鐘，用四倍蒸餾水稀釋，可幫助結膜炎和灼熱的眼睛。一眼 2 滴。

薑黃 Turmeric

薑黃含有火元素和氣元素，味道帶有苦味、澀味和辣味，效力為熱性，消化後的作用為辣味，其素質是乾燥、輕、助消化，可平衡所有 Doshas，所有體質都適用。

新鮮的薑黃根看起來像薑一樣，但裡面可能是紅色或黃色。紅色稱為 Kunkum，被認為是神聖的；只有黃根用於烹飪和醫療。薑黃是阿育吠陀最好的藥之一，可治癒整個人。它可以被所有 Doshas 使用，可以刺激 Vata dosha，但不會加劇它而導致不平衡。

一般效能：有助於消化，維持腸道的菌群，減少氣體，具有滋補性質，是一種抗生素。可用於咳嗽、糖尿病、痔瘡、傷口、燒傷和皮膚問題。有助於減少焦慮和壓力。

居家療方

1. 支氣管咳嗽、乾燥咽喉痛、扁桃體炎和咽炎：在睡前喝 1 杯熱牛奶加 1 茶匙薑黃粉一起煮 3 分鐘。
2. 外部痔瘡：取 1/2 茶匙薑黃粉和 1 茶匙酥油混合，睡前糊貼在患部。
3. 纖維囊性乳腺：晚上將 1/2 茶匙薑黃粉和 1 茶匙溫熱蓖麻油塗在乳房上。（提醒您，它會把皮膚變黃，衣服也會變黃喔！）
4. 穩定糖尿病的血糖：把薑黃粉放入空的膠囊中，每日三次，每次 2 粒，餐後 5 分鐘服用。
5. 貧血：取一杯酸奶最多加入 1 茶匙薑黃粉，早上和下午空腹服用，不要在日落後吃。如果 Kapha dosha 不平衡，只在中午吃。
6. 切口、傷口和真菌指甲感染：取 1/2 茶匙薑黃和 1 茶匙蘆薈凝膠混合，塗在患處及週邊受影響的區域。
7. 外傷性損傷腫脹：取薑黃粉和水混合成糊狀，貼在腫脹處。
8. 腫脹的牙齦和潰瘍瘡：直接將薑黃粉塗在受影響的口腔區域。
10. 美麗的皮膚：如果一個孕婦每天服用薑黃，她的孩子會有美麗的皮膚。
11. 如果有黑色素瘤的家族史，每天服用 1 或 2 個薑黃膠囊三次，有助於預防。

製作自己的咖哩

咖哩是多種香料的混合，少至三或四種香料，多至十幾種調味料相互組合，達到幫助消化和調理身體的完美目的。

近年來，在世界各地有一些類似印度咖哩的風味，咖哩粉成為一種簡單烹調的方式。然而，學會製作適合自己體質的咖哩，調製適合自己的口味，做為菜餚或者藥物更佳。自製咖哩的味道更清新，偶爾使用咖哩粉在我們的食物中，將產生特殊的味道。

咖哩的基本製作方法，是在屬性暖的油中，添加少量的黑芥菜籽和茴香籽或孜然。熱油激活種子性能，釋放出特別的風味及癒合的性質，再將這特殊風味的油添加在食物中。有利於舒緩痛風，關節炎和發燒的狀態。

黑孜然和芥菜籽都是溫暖的草藥，非常適合 Vata 和 Kapha dosha 屬性，黑芥菜籽特別是辛辣的味道，有輕度利尿的作用，使得它對 Kapha dosha 非常有用，它的溫暖刺激消化腸火和整體消化，有利於排出氣體。Pitta dosha 應該以最小的量來使用孜然種子和芥末種子，若能與香菜種子一起使用，即能平衡過度熱性的狀態。

茴香及孜然最好在新鮮時使用，若將這些香料醃製擺放一年以上，即使它們已被良好的密封，仍然會導致藥效和消化性能的減少。孜然若是長期擺放，也多少會有苦的味道。孜然能清除毒素和幫助消化，是優秀且溫和的消化道清除劑。有一些令人尊敬的阿育吠陀學者將「孜然」歸類為「冷性」，但有更多的醫生認為其屬性應為「熱性」，食物因為它的刺激和溫暖，增加了清除毒素與幫助消化的功能。若是結合香菜和大茴香籽這兩種非常清涼的草藥，為它過度的熱性提供冷卻和緩解的輔助，則適合所有體質；若單獨使用，它的功效是變暖，其輕微的苦味會減輕 Pitta 和 Kapha dosha，也可刺激 Vata 消化。

香菜是經典咖哩中最為古老的香料之一，可以使用粉末或種子，它能減輕氣體和調節消化道，其味道是辛辣但屬冷性，它是讓 Pitta dosha 平靜的最好香料之一。

薑也經常加在咖哩中，其屬性是熱和辛辣，可刺激消化和循環，阿育吠陀醫學高度重視消化與循環。Vata dosha 最好使用新鮮的薑根，而乾燥的薑粉對 Kapha dosha 最有利。鮮薑是利尿劑，可用於緩解感冒和咳嗽。乾薑和新鮮薑都會刺激食慾和緩解消化不良。生薑並不會加重 Pitta dosha（除非是大量的食用）。

在咖哩中，可以使用新鮮或乾薑，最常使用的是將新鮮的根磨碎。薑有效的緩解便秘和氣體，特別是與其他輕度瀉藥（如茴香）一起。若過度使用薑，特別是新鮮的薑，可能加重 Pitta dosha。

在咖哩中置入黑胡椒，可刺激消化火，同時增加暖度，黑胡椒或胡椒粉對於刺激食慾和減少氣體也是有幫助的。它通常非常小量的使用。黑胡椒是大多數人健康和消化的真正助手。黑胡椒是印度本地的產物，在歐洲引發了香料戰爭，也刺激了新世界的發現。

辣椒也被用於印度咖哩，它們相當辛辣和火熱，刺激消化火，對 Kapha 和 Vata 最為有利，而加重 Pitta。

印度長胡椒 (Pippali) 是一種偉大的阿育吠陀藥用植物，促進消化，緩解氣體和便秘。可以在一些印度食品店買到。

薑黃在咖哩中是基本香料，它辣、苦、微澀，是一個優秀的血液酶和消炎劑。它刺激蛋白質完全消化並防止毒素的產生。有利於消除腸胃氣脹和炎症，癒合肝臟。其明亮的金色作為咖哩的特徵色調，用於蔬菜組合很具有吸引力。印度的咖哩蔬菜是居家常有的菜餚，也是餐廳菜單上的常勝軍。

胡蘆巴種子在咖哩中經常被發現，特性是苦、辣、甜和溫暖。它已經被證實可幫助恢復活力，可能是因為其富含維生素 B

及葉酸。這種草藥可以刺激血液和毛髮細胞的發育，也可以幫助減肥。在阿育吠陀醫學中，葫蘆巴用於婦女和男子的補品。少量的葫蘆巴即可促進消化和減輕慢性咳嗽。

興 (Hing) 或稱為阿魏 (Asafoetida)，是平衡 Vata dosha 最好的香料之一。它幫助 Vata dosha 的膳食消化，鎮靜氣體和胃氣脹，應在使用前加熱。

以上的辛香料都經常出現在咖哩中，應選擇適合自己的香料來使用。Pitta 需特別注意，勿大量使用過熱性的香料，香菜是不錯的選擇。

關於水果和水果居家療方

攝取水果最好是單獨在二頓飯之間，或在一頓飯開始之前，最佳的時段為飯前一小時。水果容易消化，在胃中分層消化的速度中，它應放在首先的位置，否則它將發酵。脂肪和蛋白質被消化的速度比大多數水果和蔬菜慢得多，如果在麵包、油和豆類之後才吃水果，它們被迫在胃裡等待，只有將這些重的食物消化完，然後才能分解水果，在胃裡熱、溼、酸的環境中等待，導致不必要的發酵而產生氣體。

水果是有營養和治療價值的食物之一，在適當的時間攝取適當的比例，是可以平靜 Doshas 並將毒素 (Ama) 排出身體系統的主要關鍵之一。水果必須成熟和無汙染才有這種效果，否則它們將創造另類的毒素。不幸的是，今天在市場上銷售的大部分產品，既不成熟也不完全無汙染。果實採摘為綠色，經常具有重的農藥殘留和其他合成物，這種產品不能用於清潔身體，事實上它最好是不要吃。化學攝入會引起各種各樣的弊病，包括皮疹、頭痛、發熱和腹瀉。

依據個人體質選擇適合的水果

如上所述，許多水果可以被所有體質使用。準備適當的組合可治療三 Doshas。

■ 成熟的芒果適合所有 doshas，耐受良好。

■ 燉或浸泡的葡萄乾適合所有體質。

■ 甜紫葡萄、甜櫻桃、甜杏和新鮮甜漿果，尤其適合 Vata 和 Pitta 人。

■ 甜鳳梨最適合 Vata 和 Pitta dosha 使用。它使胃炎和過度活動的肝平靜，並且可作為驅蟲劑。

■ 蘋果和梨可以燉或烘烤，適合所有 Doshas。

■ 成熟的香蕉是 Vata dosha 很好的滋養品，它的光滑和黏稠正是 Vata dosha 所需要的。

■ 新鮮無花果可以用於燉肉，適用於 Vata dosha，同時可以緩解便秘。而 Kapha dosha 可以加上一點薑或肉荳蔻作為平衡，因為它會使消化變得沈重緩慢。

水果與不同的體質

大部分水果屬甜味、酸味，有時有些澀味，均屬冷的效力，消化後的作用多半是甜味。甜味有利於 Vata 和 Pitta dosha，但會擾亂 Kapha dosha。

水果在功能上有解渴、退熱、替代性、通便、溫和潔淨及增加毒素或消除毒素的作用。

水果是水和土的元素，用在組織上均有建造血漿，淨化血液，降低過盛的 Dosha 和組織，同時也能提高體內亮度與純度。但我們應注意，這水和土元素屬於 Kapha，而 Kapha dosha 是冷性，因此過多的甜味和冷性會造成不明原因的呆滯，它們可能會過度散開我們的氣息，身體變得過於敏感，尤其是住在城市中過著有壓力的生活的人。

■ 以 Vata dosha 為主導體質的人應慎選水果，以避免有更冷的身體，適量即可。

■ 以 Kapha dosha 為主導體質的人，若攝取過量的水果，因為甜味和冷性，會導致水腫及疲勞的現象。可以試著將水果切好，放入微波爐或用水蒸一下，這樣可以減少過多冷的水分滯留在體內而產生水腫。

蘋果 Apple

在蘋果中發現的主要治療劑是果膠。果膠存在於果皮和果肉之中，是天然治療成分，透過果膠提供天然成分，可消除某些有害物質。蘋果中包含的蘋果酸有益於腸、肝和腦。主要治療腹瀉，腸出血或潰瘍（果膠結合大便，促進受損的細胞膜癒合），牙齦出血，膽囊炎症，血液中的膽固醇，排毒養顏，慢性腸炎，因 Pitta 和 Kapha 條件所產生的關節炎，皰疹，病毒，胃過度酸性，金屬螯合物，可以降血壓。

綠色（生）蘋果為澀味、酸味，屬冷性，消化後的作用為辣味，素質是粗糙和輕，過於乾燥不利於 Vata dosha 食用，Pitta dosha 應避免酸蘋果，適合 Kapha dosha 食用。成熟的蘋果味道是澀味、甜味和酸味，效力為冷性，消化後的作用為甜味，素質為粗糙和輕，Vata dosha 適合烤蘋果或果醬，Pitta dosha 適合成熟的蘋果，Kapha dosha 可食用。

■ 蘋果適合 Pitta 和 Kapha，但對於 Vata 卻過於乾燥，除非它們是精心烹製或加了香料。
■ 烤蘋果有利於 Vata dosha，烤蘋果汁有利於胃炎、結腸炎、燒感染。
■ 蘋果皮含鈣量高，但卻很難消化而會引起氣體，加重 Vata dosha。蘋果的種子又澀又苦，可能導致 Vata dosha 惡化。
■ 平常吃蘋果，Vata 人應該要削掉果皮，而 Kapha 人應該連果皮一起吃。

居家療方

1. 便秘和腹瀉：即使生蘋果會刺激 Vata dosha，仍可減輕便秘。煮熟的蘋果可治腹瀉，在烹飪的過程中，軟化纖維可產生大量的糞便。（Vata 人較易有便秘的傾向，若要用蘋果來刺激結腸，建議將蘋果水煮過再吃。）

2. 止瀉和痢疾：煮幾個已經削皮的蘋果，使果肉變軟，加入一搓肉荳蔻、番紅花和 1 茶匙酥油慢慢吃，可以止瀉。

3. 牙齦出血和過度流涎：蘋果在傳統上可用於口腔炎，如果是口腔黏膜或唇皰疹的炎症，在飯後一小時，咀嚼一個削皮的蘋果，不但可幫助腸子蠕動，同時也可以清潔舌頭及牙齒。

4. Pitta 的燒灼感：在過盛 Pitta 條件下，身體會有燒灼感或發炎，如胃炎、結腸炎和膀胱感染，蘋果汁是很有幫助的。

5. 蘋果蜜漿：取五個蘋果去除蘋果皮和核心，搗碎混合，加入蜂蜜調味均勻，加入 1/8 茶匙荳蔻粉、一撮番紅花和肉荳蔻、10 滴玫瑰水或幾片有機玫瑰花瓣，全部混合，在飯後一個小時，喝約 1/2 杯的蘋果蜜漿。這是一款很好的、令人充滿活力的食品，對心臟肌肉，放鬆血管，或緩解腳部的浮腫都有幫助，傳統上用於靜脈曲張、失眠、性衰弱和關節炎。

鳳梨 Pineapple

　　鳳梨的味道是酸味和甜味，效力為熱性，消化後的作用為辣味，素質為重和尖銳。適合 Vata dosha 食用；酸味鳳梨不利於 Pitta dosha，但甜味適合 Pitta dosha；不論酸或甜味都會加重 Kapha，不適合 Kapha dosha 食用。

　　一般效能：利尿，通便，助消化，抗壞血病，發汗。

居家療方

1. 胃煩躁：鳳梨汁減緩因便秘和發熱所引起的胃煩躁。
2. 減少毒性：減少尼古丁的毒性影響。
3. 營養：吃小塊的果肉沾上蜂蜜，裡面含有蛋白質和錳。

＊鳳梨汁會加重 Pitta dosha，不要給七歲以下的小孩喝。
＊不要在空腹時和早餐前喝鳳梨汁。
＊喝過果汁之後，勿在2小時以內吃任何乳製品。
＊懷孕最好不要吃鳳梨，生鳳梨（未煮過）的果汁容易造成流產。

橘子 Orange

　　橘子的味道是甜味和酸味，效力為熱性，消化後的作用為甜味，素質為重。不論酸或甜橘子均能降低 Vata dosha；酸味橘子會加重 Pitta，甜橘子可降低 Pitta dosha；不論酸或甜橘子均加重 Kapha dosha。

居家療方

1. 恢復能量：一杯新鮮橘子汁加少許岩鹽可恢復能量。
2. 血液淨化：於膳食中飲用可協調膽汁和壞血病。
3. 針對嬰兒：可在母乳中加些橘汁和少量開水，每3小時喝。
4. 小孩貧血或神經衰弱：取葡萄汁與橘子汁同等份量混合喝。

＊關節疼痛與膀胱疼痛的人應避免。

香蕉 Banana

未成熟的綠色香蕉是澀味，其效力為冷性，消化後的作用為辣味，素質為柔軟、輕，它們加重 Vata dosha，降低 Pitta 和 Kapha dosha。

成熟的黃色香蕉味道是甜味，效力為熱性，消化後的作用是酸味，素質為光滑、輕，它們減少 Vata 和 Pitta dosha，卻加重 Kapha dosha。

香蕉是壯陽藥，可激勵肌肉，以及脂肪的神經和生殖組織。

居家療方

1. 情感失落的強迫性飲食：取一根香蕉切碎，加入 1 茶匙酥油和綠荳蔻混合淋在香蕉上，在情緒低落的緊要關頭是非常有效的，可提高血糖，對低血糖有益處，對便秘或肌肉痙攣也有用。
2. 排尿灼熱：由於失眠、便秘和酸性 PH 所引起的排尿灼熱感，在兩餐之間，取 1 根香蕉切塊，然後撒上孜然粉末後食用，會幫助減輕排尿灼熱感症狀。
3. 乾咳：乾咳或伴有胸痛，取 1 根香蕉切塊，淋上 1 茶匙蜂蜜和 2 小撮的黑胡椒粉，每日二到三次可緩解乾咳。
4. 肌肉無力：取兩根香蕉、新鮮紅棗五顆切碎，加上五個新鮮的無花果、1 茶匙蜂蜜和 2 撮生薑粉全部混合，對肌肉無力或肌肉萎縮有幫助。
5. 慢性支氣管炎：慢性支氣管哮喘的情況下，將香蕉去皮置入約七個丁香，放置一夜，第二天早上吃，一小時後喝一杯蜂蜜水，可幫助肺減少過度喘息。

＊以上使用成熟的香蕉，除非另有說明。
＊吃香蕉後至少一個小時，不要攝取任何液體。
＊晚上不要吃香蕉。
＊香蕉不可和牛奶、酸奶同時吃。
＊有發熱、潰傷、水腫、嘔吐、咳嗽帶黏液和流鼻涕時，不要吃香蕉。

椰子 Coconut

椰子味道是甜味，效力為冷性，消化後的作用為甜味，素質為重、油膩、硬、液體，椰子的果肉硬，重，油膩膩的，該中心是液體。

椰子安撫 Vata 和 Pitta dosha，但加重 Kapha dosha。

一般效能：在阿育吠陀療法中，椰子被大量應用於與藥草一起熱製，藥草椰子油用於外部治療法。

居家療方

1. 對於溼疹搔癢癢：椰子粉加熱後，敷在皮膚上。
2. 對於皮膚灼熱或曬傷：適用取適量椰子油輕輕的塗在患處。
3. 對於排尿灼熱感：請嘗試喝一杯椰子水。
4. 對於麻疹、水痘或其他它皮疹：可用椰子水拭擦患處會有所幫助。
5. 如果毛髮稀疏或掉髮：可以嘗試每天在洗澡前將椰子油塗在頭皮上。
6. 頭皮屑、頭皮搔癢癢：在印度，會用椰奶塗在患處。
7. 指甲真菌感染：請嘗試使用椰子油塗抹在指甲上。
8. 大量月經出血：服用 1 杯椰子水與 1/2 茶匙冰糖粉（或有機糖）可能會有幫助。
9. 在結腸炎潰瘍的情況下：用 1 品脫的椰奶灌腸可以帶來一些緩解。

葡萄 Grape

綠色葡萄的味道是酸味和甜味，效力為熱性，消化後作用為酸味，其素質為液體和強化能量，會加重 Pitta 和 Kapha dosha，可舒緩 Vata dosha，適合 Vata 人食用。紅／黑色葡萄味道是甜味、酸味和澀味，效力為冷性，消化後的作用是甜味，素質是光滑和增加能量，適合 Vata 和 Pitta dosha 食用，不利於 Kapha dosha。

不論任何顏色的葡萄都適合 Vata dosha，所有顏色

的葡萄都會加重 Kapha dosha，Pitta dosha 應選擇甜葡萄，棄酸葡萄。

葡萄是最好的水果，它們提供緊急救援，對於身體感覺燃燒發熱難以解渴，或是呼吸困難，都會有很大的幫助。

它們幫助耗弱的 Vata 體質人，或是便秘的 Pitta 體質人，緩解嘶啞的聲音、酗酒、口乾、咳嗽、貧血症、心臟病、肺結核、心悸、熱尿、感冒、黃疸、慢性支氣管炎、腎臟炎、痛風、水腫、癌症、解毒、身體不適、酸度、便秘，防止牙齦出血和蛀牙，增加活力，清理所有的組織和腺體，是肝臟興奮劑。

一般效能：退熱劑，減緩口渴，營養，緩和的，利尿，止血，瀉藥，春藥。

■ 有豐富的維他命和礦物質，尤其是鐵，緩解缺鐵性貧血。

■ 每天吃少量可以平衡三 Doshas。

■ 黑色葡萄造血，汁液於發燒時可降溫，是一個溫和的通便劑。

■ 葡萄乾可滋養血，協調衰弱的胃。每天少量的葡萄乾，可護肝和脾臟。早上喝浸泡的葡萄乾水可增進消化。

居家療方

1. 增加精子數量和耐力：取一杯葡萄汁，加 1 茶匙新鮮的洋蔥汁和 1 茶匙蜂蜜混合一起，如果在每天睡前一小時喝這種混合物達 45 天，將有助於增加精子數量和耐力。唯有 Kapha 人應增加各一撮生薑、黑胡椒和長胡椒 (Pippali) 在葡萄汁中，可避免產生過多的水分。

2. 膀胱炎、尿道炎或排尿灼熱感反覆發作的人：取一杯葡萄汁，加少許岩鹽和 1 茶匙孜然粉。一天二到三次可以緩解症狀。

3. 胸痛、胸膜炎和肌肉無力：一杯葡萄汁加入 1 茶匙蜂蜜和 1/2 茶匙生薑粉，一天兩次，空腹食用。

4. 過盛的 Pitta 條件所引起的憤怒、仇恨，及胃或尿道口有灼熱感：一杯葡萄汁，加上 1/2 茶匙孜然、1/2 茶匙茴香和 1/2 茶匙的檀香粉末，可緩解症狀。

5. 性衰弱：取一杯葡萄汁，少許長胡椒粉，1/2 茶匙冰糖或天然糖和 1/2 茶匙印度人參 (Ashwagandha) 的混合果汁，於睡前一小時喝，有助於提高性功能。

6. 慢性咳嗽、哮喘和呼吸道過敏症：一份無籽葡萄、一份酥油和 1/2 份蜂蜜，放入一個罐子然後封住瓶口，置於溫暖的地方保存 15 天，每次取 1 茶匙，一天兩次可緩解過敏。

7. 幫助貧血、肝臟腫大，以及脾和便秘的情況：每天飯後一小時吃一把葡萄乾，可以緩解貧血等症狀。

芒果 Mango

綠色生芒果的味道是酸味和澀味，效力為冷性，消化後的作用是辣味，素質為重和硬，它擾亂三個 Doshas。

在印度，通常綠色生芒果是被用來製作酸辣醬和泡菜，若以這種方式呈現，芒果不會加劇任何 Doshas，同時可以幫助消化和改善食物的風味。

黃色熟芒果的味道是甜味，效力為熱性，消化後作用是甜味，素質為勁量，適量的吃可以平衡所有的 Doshas。

居家療方

■ 綠色生芒果

1. 滋養血液：四個綠色生芒果與水一起熬煮 3-5 分鐘，加入闊棕糖 (Jaggary) 或天然糖，與 1 茶匙萊姆汁，可以幫助滋養血漿，同時也可緩解脫水的狀況。
2. 烹飪：綠色芒果皮經太陽曬過後，可用於烹煮扁豆湯，乾燥的芒果皮可以存放一年。
3. 眼睛有灼熱感：將生芒果的果肉絞碎，睡前敷在眼瞼上，15 分鐘後洗去。
4. 中暑：吃幾塊青芒果加少許鹽，一小時後才能喝液體。

禁忌：吃完生芒果，至少一小時內不要喝水，因為這可能會導致支氣管炎、發冷、咳嗽和呼吸不順暢。不要大量吃生芒果，可能引起皮疹、噁心、腹瀉、消化不良和胃灼熱。

■ 黃色熟芒果

1. 提高能量和活力：每天吃一個成熟的芒果，一個小時後，喝 1 杯熱牛奶加 1 茶匙酥油，有助於提高能量和活力。
2. 幫助哺乳：芒果對孕婦有益，它有助於哺乳期。
3. 腸道蠕蟲：每天二或三次食用 1 茶匙蜂蜜加入一茶匙烤過的芒果是非常有益的。
4. 緩解便秘、腹瀉：喝一杯新鮮成熟的芒果汁，一小時後，再喝下 1/2 杯牛奶、一小撮綠荳蔻、少許肉荳蔻和 1 茶匙酥油的混合物，給人活力，起到催情的作用。它有助於緩解便秘、腹瀉，對高血壓或心臟病患者有益。

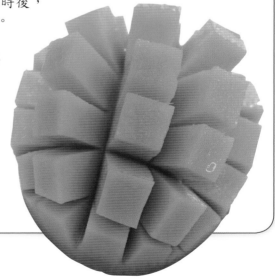

櫻桃 Cherry

櫻桃的味道含有甜、酸和澀味，效力為熱性，消化後的作用為辣味。可降低 Vata 和 Kapha dosha。酸味的櫻桃會提高 Pitta dosha，而甜味的櫻桃則會降低 Pitta dosha。

一般效能：能清除汙穢的血液，改善精神疲勞、不眠症、壓力，是強心劑，可修護血液、緩解痛風、腰痛、暈船暈車、視力不佳、風濕病、癱瘓、關節炎、成長阻礙、肥胖。黑色櫻桃對於血漿組織、蛀牙、掉牙、腹瀉、腺體解毒和排解膽囊肝臟混亂非常有助益。

居家療方

1. 精神疲勞、壓力和失眠：每日進食 10 至 20 顆櫻桃有助於改善。
2. 經前期綜合症或超額月經量：如經期疼痛、有白色分泌物，櫻桃汁是最佳聖品。在月經來前七天，連續七天在空腹時吃 10 櫻桃或一杯櫻桃汁，助補血。
3. 暈症：長時間開車引起暈車和頭痛，吃 7 顆櫻桃，緩解暈症。
4. 視力不佳，或眼睛裡有血絲，或鼻尖泛紅：每天在空腹時食用約 15 顆櫻桃。
5. 製作面膜：如果你的皮膚很乾燥，在晚上睡覺前用櫻桃的果肉作為面膜，包覆約 15 分鐘，會給你一個美麗的膚色。
6. 溼疹和牛皮癬：將櫻桃籽磨製成粉狀，塗在皮膚 10-15 分鐘，可以阻止溼疹和牛皮癬的擴散。

木瓜 Papaya

木瓜的味道是甜和酸味，效力是熱性，消化後的作用是甜味。素質為重和油膩。可降低 Vata dosha，平衡 Pitta dosha，卻會加重 Kapha dosha。

一般效能：幫助消化，通便，調養消化系統和胰腺混亂。調節糖的代謝、蠕蟲、哮喘、背痛、結腸疾病、肝和脾的失調、慢性疾病，減緩咳嗽及月經延遲。未成熟的木瓜汁是抗寄生蟲良藥，也是血液稀釋劑，防止心臟病發作。內部果肉可擦拭在皮膚溼疹和皮膚炎上。

＊禁忌：木瓜種子是通經劑，孕婦不可食用。

無花果 Fig

無花果味道是甜味和澀味，效力為冷性，消化後的作用為甜味。新鮮的無花果可以平衡 Vata dosha，而乾燥的無花果卻會加重 Vata dosha。不論新鮮或乾燥的無花果都會降低 Pitta dosha，而提高 Kapha dosha。

一般效能：能抗菌，減少蛔蟲，高纖維，含鐵，建造血液，協調消化系統，通便，縮小腫瘤，比牛奶更多的鈣，比香蕉更多的鉀。

居家療方

1. 加強牙齦、牙齒：每天咀嚼一些無花果，可強化牙齦。
2. 慢性消化不良、胃灼熱、腹瀉：盡量吃新鮮的無花果，一小時之內不喝任何水。
3. 對於便秘的兒童：取無花果浸泡在溫水中。
4. 排尿灼熱感：在飯後一小時吃新鮮的無花果，可能會有所幫助。
5. 哮喘：在早上空腹時吃無花果加上長胡椒粉 (Pippali)，一定可以緩解。
6. 全身酸軟乏力、乾咳：在清晨空腹時，取無花果加上一茶匙蜂蜜、一茶匙甘草粉，之後二小時以內不吃任何東西，包括水。
7. 性衰弱：每天早飯後，取無花果加上一茶匙蜂蜜，一小時後喝杯奶昔 (Lassi)，每晚睡前用溫暖的蓖麻油輕輕揉搓小腹，持續至少一個月，這將有助於恢復性能量。

*禁忌：腹瀉和痢疾患者應避免服用無花果。不要將無花果和牛奶一起服用，會引起腹瀉和消化不良。

檸檬 Lemon

檸檬的味道含有酸和澀味，效力為熱性，消化後的作用為酸味，素質為多汁、助消化。可降低 Vata 和 Kapha dosha，而提高 Pitta dosha。

一般效能：夏天酷熱可解渴，防暑，止肺出血、子宮出血，清消化道，緩解炎症、感冒、流感、咽喉痛、支氣管炎、哮喘、助消化、糖尿病、壞血病、風溼病、發燒、關節炎、痛風、神經痛。「檸檬汁」緩解胃灼熱，咽喉痛，腫脹或牙齦出血，清理流血。「檸檬汁加蜂蜜」可排出痰，減少脂肪，刺激膽汁流量，溶解膽結石，調節肝脾和胰腺，消化糖類和甜食，清熱解毒，可以平衡 Pitta dosha，解除噁心、嘔吐、消化不良、黏液。

> ### 居家療方
>
> 1. 用於外部：被昆蟲咬叮或神經性疼痛時，可做為消毒劑。
> 2. 噁心、嘔吐或消化不良：取用一份檸檬汁和一份蜂蜜的混合，慢慢舔它，有助於緩解嘔吐感。
> 3. 消除漲氣：檸檬汁加小蘇打水，再加一杯涼水，攪拌後迅速喝掉。因為它會產生二氧化碳，有助於消除脹氣。
> 4. 孕吐的孕婦或噁心的兒童：每 15 分鐘，喝一杯椰汁加 1 茶匙檸檬汁的混合物，可以平息胃的噁心與嘔吐感。
> 5. 腎結石或有碎石在尿道中：取一杯水加 1/2 茶匙檸檬汁和 1 茶匙的香菜汁混合，非常有助於排掉結石，一天可以喝二到三次。
>
> *禁忌：檸檬不要與牛奶、芒果、紅柿等一起使用。有消化性潰瘍的情況，也勿使用。

紅棗 Jujube

紅棗味道是甜味，效力為冷性，消化後作用為甜味，素質為重、強勁。新鮮的紅棗可平衡 Vata dosha，乾燥的紅棗則會加重 Vata dosha。不論新鮮或乾燥的紅棗都可平衡 Pitta dosha，但會加重 Kapha dosha。

一般效能：營養，滋補，壯陽藥，鎮痛，通便，製冷劑，退熱藥，緩解肺部疾病，療養溫病、哮喘，增加精液，增強生殖系統，適合消耗性疾病和傷害，含有豐富的鐵。

> ### 居家療方
>
> 1. 增加腸道吸收和提高消化能力：取五粒新鮮紅棗切碎，加入 1 茶匙酥油和一撮黑胡椒粉，在早上 5:30~6:00 左右吃，吃過之後二小時以內，不可再吃任何東西。這個配方會增加腸道吸收和消化食物的能力，幫助排便，改善肌肉張力和滋養骨骼。
> 2. 針對於肌肉疼痛：紅棗糖可以有效治療痛苦的肌肉。
> 3. 貧血、性衰弱和慢性疲勞綜合症狀：取 10 粒鮮棗加入酥油，再加入 1 茶匙生薑、1/8 茶匙荳蔻和藏紅花少許，置入瓶中然後封住瓶口，放在一個溫暖的地方達一週，一週後，每天清晨吃一茶匙。
> 4. 剛長牙的孩子：可以給他們啃乾燥的紅棗。
> 5. 長牙期間拉肚子：給孩子 1/2 茶匙紅棗糖與 1 茶匙蜂蜜的混合物，每日二到三次。
> 6. 每日能量：浸泡五粒切碎的鮮棗在玻璃水杯中，隔一夜，第二天早上吃，會給你一天的能量和活力。

關於蔬菜與蔬菜居家療方

蔬菜充滿能量，吃了它令人覺得愉快，甚至有甜蜜幸福感，大部分的蔬菜屬於 Sattwic guna，總能帶給身體清明的感覺。

根莖類的蔬菜比葉類蔬菜重，也較有營養，例如胡蘿蔔、馬鈴薯、朝鮮薊、白花菜等。綠葉類蔬菜（包括捲心菜系列）質量輕，可清潔血液，含維生素與礦物質，但不營養。辣味蔬菜屬於 Rajasic guna，如生洋蔥、辣椒等。茄類、馬鈴薯、生蕃茄，有可能導致過敏，如果煮熟後再吃，將會減少很多問題。幫助利尿的蔬菜，如胡蘿蔔、芹菜、生菜、芥菜、豆瓣菜、西蘭花、馬鈴薯。

針對降低 Vata dosha，在食品的烹飪上應採取煮熟或蒸，加一些暖性的油，如杏仁油、紅花油、芝麻油、芥末油、橄欖油（雖為冷性，但屬甜味，故仍然適合使用）等。若是烹煮冷性的蔬菜時，能添加一些熱性的香料，則不但可以增添風味，還能中和食物的溫度。在選擇蔬菜類別上，以接地氣的根莖類為首選，甜味的蔬菜為佳，如甜薯、甜菜等（細項可參考體質與飲食 Vata 群組如何飲食單元）。

針對降低 Pitta dosha，蔬菜適合用蒸的或川燙，尤其適合喝蔬菜汁。蔬菜是 Pitta 人的好朋友，但應排除辣味的蔬菜，如生洋蔥、辣椒等。

針對降低 Kapha dosha，採用有機新鮮的蔬菜，以煮熟、蒸或川燙，可食苦澀味的綠色葉類蔬菜。應避免用橄欖油烹煮食物，因為橄欖油屬冷性和甜味，容易讓 Kapha 人產生脂肪

團，且不易消化。

蘆筍 Asparagus

蘆筍帶有甜味和澀味，效力為冷性，消化後作用為甜味。可以舒緩三 Doshas，不論任何體質都適合。

一般效能：蘆筍含維他命 B12，利尿，是一種溫和的瀉藥，有壯陽和鎮靜的功效。可舒緩出血性疾病、泌尿阻塞、生殖系統感染、皰疹、尿路結石、發燒、水腫、痛風、關節炎。喝蘆筍煮水有助於風溼病所帶來的不適。

首蓿芽 Alfalfa sprouts

它帶有澀味和甜味，效力為冷性，消化後的作用雖為辣味，但仍然會降低消化腸火 (Agni)。首蓿芽可降低 Pitta dosha 和 Kapha dosha，但卻會提高 Vata dosha，故 Vata 人不可多食，而 Vata-Pitta 人和 Vata-Kapha 人可適量攝取。但因其功效非常卓越，Vata 人若要吃，可加些熱性油或熱性香料。

一般效能：首蓿芽含維生素 A、C、K 和多種礦物質（葉酸、錳、銅、磷、鎂、鋅、核黃素、鐵），可預防骨質疏鬆，降低乳腺癌的風險，緩解更年期症狀，清潔血液和淋巴，減少脂肪、腫瘤、粉刺、膿瘡、皮膚癌、痛風、肥胖、水腫，降低血糖水平。是高抗氧化食物，可抗衰老、癌症和心臟病，

為降膽固醇食物之一。

花椰菜 Broccoli/Cauliflower

　　綠花椰菜含有澀味，效力為冷性，消化後作用為辣味，素質是乾燥與粗糙，可降低 Pitta dosha 和 Kapha dosha，但會提高 Vata dosha，Vata 人不宜單吃。白花椰菜在澀味中帶有一點甜味，效力為冷性，消化後作用為辣味，其素質是乾燥與粗糙，可降低 Pitta dosha 和 Kapha dosha，而提高 Vata dosha。

　　一般效能：綠花椰菜可淨化血液，降低食道癌、咽喉癌、肺癌、前列腺癌、口腔癌、子宮頸癌和胃癌。白花椰菜富含維生素 B1，可緩解鎮痛，降低癌症的風險（特別是直腸癌和胃癌），適合糖尿病患者使用。

苦瓜 Bitter melon

　　苦瓜帶有苦味，效力為冷性，消化後作用為辣味，可降低 Pitta dosha 和 Kapha dosha，而提高 Vata dosha，故 Vata 人應加入其他熱性食材一起烹飪。

　　一般效能：苦瓜含維生素 C 含量高，有解熱作用，可抗寄生蟲，有清潔肝臟、膽汁、血液的功效。緩解發燒、腹瀉、貧血。適合糖尿

病患者食用，可減肥，減少腫瘤。是適合夏季使用的蔬菜。

居家療方

1. 發燒：每天 3 次，每次 2 湯匙新鮮苦瓜汁，可以降低溫度。
2. 清潔肝臟：經常吃煮熟的苦瓜有助於清潔肝臟，有助於貧血。
3. 腸道蠕蟲和寄生蟲：在每餐前半小時，喝 1 湯匙苦瓜汁，其中加入少量薑、黑胡椒、長胡椒，每日 3 次。這樣做一個星期，蠕蟲應該就會消失了。
4. 糖尿病：每餐前 15 分鐘，喝 2 湯匙苦瓜汁加入 1/4 茶匙薑黃粉，可幫助調節胰島素劑量。
5. 黃疸病、甲狀腺功能亢進和偏頭痛：早晚在每個鼻孔中滴入 5 滴新鮮的苦瓜汁，可以緩解此症狀。
6. 便秘和痔瘡：煮熟的苦瓜是瀉藥，可以用來緩解便秘和痔瘡。

甘藍菜 Kale

　　帶有苦味和澀味，效力為冷性，消化後作用為甜味，其素質為乾燥與粗糙，降低 Pitta dosha 和 Kapha dosha，而提高 Vata dosha。

　　一般效能：富含維生素 A、核黃素、鈣、鎂、鐵、硫、鈉、鉀、磷和葉綠素。甘藍菜是血液清潔劑，也是最好的抗癌蔬菜之一（可抗肺癌、胃癌、食道癌、結腸癌、口腔癌、咽喉

癌、乳腺癌、膀胱癌、前列腺癌）。

捲心菜 / 高麗菜 / 大白菜 Cabbage

帶有澀味，效力為冷性，消化後作用為辣味，素質為乾燥與粗糙，可降低 Pitta dosha 和 Kapha dosha，而提高 Vata dosha。

一般效能：治癒潰瘍、溼疹、感染、胃灼熱，抗細菌和病毒，可預防癌症、壞血病、眼病、痛風、風溼、膿腫、哮喘、肺結核、皮疹，是血液淨化劑。含高鈣、維生素 A、C 和硫。白菜汁可除疣。

球芽甘藍 Brussels Sprouts

帶有澀味，效力為熱性，消化後作用為辣味，素質為輕和利尿，降低 Pitta dosha 和 Kapha dosha，而提高 Vata dosha。

一般效能：富含維生素 A、C、核黃素、鐵、鉀、纖維素，可抑制甲狀腺異常，促進產生胰島素，預防肝腫瘤、結腸癌與胃癌等。

生菜 Lettuce

帶有澀味，效力為冷性，消化後作用為辣味，其素質為輕、液體和粗糙，降低 Pitta dosha 和 Kapha dosha，而提高 Vata dosha。

一般效能：令人覺得愉快平靜，清潔心靈、情緒、血液和淋巴。

菠菜 Spinach

菠菜「生食」帶有澀味和辣味，效力為冷性，消化後作用為辣味，其素質為乾燥、輕和粗糙，可降低 Pitta dosha 和 Kapha dosha，而提高 Vata dosha。菠菜「熟食」澀味中略帶一些酸味，效力為熱性，消化後作用為甜味，其素質為輕度瀉藥和重，降低 Vata dosha，提高 Pitta dosha，適量攝取可平衡 Kapha dosha。

一般效能：舒緩黏膜，退熱，減緩乾咳與肺部灼燒感，可清潔血液，舒緩痔瘡及貧血。

居家療方

1. 腫脹：菠菜汁可以外用於皮膚。
2. 哮喘：服用 1/3 杯菠菜汁加上一小撮長胡椒 (Pippali)，每天 2 次，可緩解支氣管哮喘的症狀。
3. 慢性咳嗽：每天在空腹時，喝 1/2 杯菠菜湯，加上 1/4 茶匙薑，一天 2 次。

＊注意事項：若有肝病、膽病、腎結石、關節炎者，勿食用菠菜，因為較難消化。我想這也是為什麼阿育吠陀菜餚中，總是把菠菜打成泥狀再烹煮的原因吧！

芹菜 Celery

在澀味中帶有些甜味，效能為冷性，消化後作用為辣味，素質為乾燥、粗糙與輕，可降低 Pitta dosha 和 Kapha dosha，而提高 Vata dosha。

一般效能：利尿，清醒頭腦，鎮靜情緒，知覺增加，促進冥想。緩解頭暈、頭痛、Pitta和Kapha條件所產生的關節炎、腎上腺疾病、體重減輕、泌尿生殖系統感染、腎臟和肝臟疾病，消除二氧化碳，促進消化，調節神經系統、水腫、糖尿病、癌症，可降低血壓，是血液清潔劑。種子和根一起，可利尿和溶解尿道結石，舒緩關節炎及痛風。

歐洲香菜 Parsley

辣味和澀味，效力為熱性，消化後的作用為辣味，可降低 Vata dosha 和 Kapha dosha，Pitta 人應少量使用，過量則會加重 Pitta dosha。

一般效能：消水腫、皮疹、月經困難或延遲，幫助排出膽結石和腎結石，是血液和淋巴的清潔劑，緩解泌尿道、腎臟、膀胱、前列腺、腎上腺和甲狀腺疾病，提供高維生素和礦物質，包含維生素 A、B1、B 複合物、C 和礦物質鉀、錳、磷、鈣、鐵。

胡荽葉 Cilantro leaf

又稱為中國香菜，帶有甜味、澀味，效力為冷性，消化後的作用為甜味，素質為輕、油、光滑、液體，可以平衡三 Doshas。尤其是 Pitta dosha，它是 Pitta 群組人的好朋友。

一般效能：可幫助消化，減緩噁心感，緩解發燒、咳嗽和口渴，亦可利尿，對皮膚過敏、花粉熱、消化不良、咽喉腫痛、胃酸過多、發熱、感冒、清洗血膽汁、尿路感染有幫助，是酸辣食物的解毒劑，在印度咖哩中常可見到胡荽葉。

馬鈴薯 Potato

味道為澀味，效力為冷性，消化後的作用為甜味，素質為乾燥、輕、粗糙。可降低 Pitta dosha 和 Kapha dosha，加重 Vata dosha。在烹飪上，Kapha 人宜加入軟性香料，而 Vata 人可加入酥油一起烹調。

一般效能：營養，滋補，利尿，鎮靜，產生母乳，強化吸收，抗癌症，降血壓，平衡鹼度和酸度。

* 注意事項：糖尿病患者應避免攝取。

秋葵 Okra

帶有甜味和澀味，效力為冷性，消化後作用為甜味，其素質為乾燥和粗糙（外殼），煮過的種子為泥狀，可平衡三Doshas。

一般效能：減緩尿痛及灼熱感，是壯陽食物，可幫助遺精、白帶過多、淋病、腸道疾病、結腸發炎或痙攣、胃潰瘍或胃發熱。

大頭菜蘿蔔 Rutabaga

帶有澀味和甜味，效力為冷性，消化後作用為辣味，素質為輕、粗糙與乾燥，降低 Pitta dosha 和 Kapha dosha，而加重 Vata dosha。

白蘿蔔 / 紅頭蘿蔔 Radish / Turnips

蘿蔔帶有辣味和澀味，效力為熱性，消化後的作用為辣味，其素質為硬、粗糙與乾燥，屬於 Rajas 食物，降低 Kapha dosha，但會加重 Vata dosha 和 Pitta dosha。Vata 人若要吃蘿蔔應該要煮熟，不要吃生醃的，尤其是白蘿蔔和長白蘿蔔。

一般效能：是血液和淋巴清潔劑，可止血，緩解 Pitta 和 Kapha 條件的關節炎、尿酸、腎結石、痛風，可幫助減重，含有豐富的維生素 C 和硫。

居家療方

1. 排氣體：由於氣體所引起的膨脹，可用 2 撮 ajwan 香料和 1 小撮 hing 香料，加入 2 茶匙蘿蔔汁一起混合，每天吃兩次，空腹食用，可以幫助緩解氣體，沖洗肝臟和擺脫腸道蠕蟲。

胡蘿蔔 Carrot

生食胡蘿蔔帶有澀味，效力為熱性，消化後的作用是辣味，素質為硬、粗糙、重，生吃或打汁會提高 Vata dosha，熱性與辣味也會增高 Pitta dosha，卻可以降低 Kapha dosha。煮熟胡蘿蔔帶有甜味，效力為熱性，消化後的作用為甜味或辣味，其素質為輕、柔軟，煮熟過的胡蘿蔔可降低 Vata dosha，適量攝取可平衡 Pitta dosha，降低 Kapha dosha。

一般效能：助消化，瀉藥，利尿，食慾興奮劑，抗菌，解痙攣，增加血流量，建立血液，提高視力，緩解結腸炎、痛風、便秘、蠕蟲。生吃胡蘿蔔有助於關節炎、皮膚病、水腫、黃疸、丙型肝炎，是抗氧化劑，治癒皮膚、組織和心臟病，健康牙齒，緩解結腸疾病及脫水。

居家療方

1. 緩解痔瘡：胡蘿蔔加上胡荽葉一起打成汁喝。
2. 預防癌症：半杯蘆薈汁加半杯胡蘿蔔汁再加上一些薑粉，每日一杯。

＊胡蘿蔔與 Pitta dosha：胡蘿蔔是一種很容易取得且有營養的蔬菜，乍看之下像一個適合 Pitta 的理想蔬菜，經過烹煮之後，產生冷性的甜味，但是整體而言，是以辣味與熱性為主。在印度每年的齋戒月中，有 Pitta 人長期大量飲用胡蘿蔔汁或生食胡蘿蔔，每天看似吃涼性的胡蘿蔔，但是他們體內的火卻不斷的增加，應該加一些冷性的蔬菜或水果，如芹菜、黃瓜或萵苣，來平衡體內的火。平常在菜餚中混合其他的蔬菜，是不會加劇 Pitta dosha 的，唯獨不能大量且單獨的攝取。

＊生的胡蘿蔔有許多的維生素，煮熟後維生素會喪失。

黃瓜 Cucumber

黃瓜帶有甜味和澀味，效力為冷性，消化後作用為甜味，素質為柔軟和液體。可降低 Vata dosha 和 Pitta dosha，而加重 Kapha dosha。

一般效能：解渴，利尿，舒緩尿路感染、利尿、脾胃失調、痤瘡，是血液淨化劑器，可驅除肺部痰熱。

蕃茄 Tomato

蕃茄帶有甜味和酸味，效力為冷性，消化後的作用為辣味，會干擾三 Doshas。最好煮過再吃，盡量不要生吃。

一般效能：幫助循環、血液、心臟，降低膽固醇、高血壓、癌症風險和闌尾炎。

＊注意事項：避免多吃加重血液中的毒性、身體的酸度、坐骨神經痛、腎結石和膽結石，以及關節炎等。

酪梨 Avocado

味道是澀味，效力為冷性，消化後的作用為甜味，其素質是油性、重、柔軟。可降低 Vata dosha 和 Pitta dosha，加重 Kapha dosha。日本料理中的酪梨壽司，Kapha 人盡量少吃才好，若要吃，應加一些暖性香料。

一般效能：滋補，營養，鎮痛，潤膚，養肝、肺、皮膚，建立肌肉和血液，滋補消瘦、低血糖，減少心臟病發作的風險，富含蛋白質，含有豐富的維生素 A、D、E，富含礦物質尤其是磷、鎂、鈣、鈉、錳、鐵和鉀。

大蒜 Garlic

大蒜帶有苦味、辣味和甜味，效力為熱性，消化後的作用為辣味，素質為重、油性。降低 Vata dosha 及 Kapha dosha，加重 Pitta dosha。

一般效能：幫助心臟與肺部功能，強化肌肉，防止產生氣體，緩解呼吸困難，幫助排出蠕蟲，是心臟的好滋補品，可作為止痛藥和壯陽藥。

居家療方

1. 耳痛：使用大蒜油。煮沸 1 茶匙芝麻油加上約 4 瓣大蒜，在睡前滴三滴在耳朵內。
2. 慢性咳嗽：取 4 份大蒜粉和各 1 份薑、黑胡椒、長胡椒混合，每次取 1/2 茶匙淋上蜂蜜，每天服用 2 次，可以緩解慢性咳嗽。
3. 預防孩童感冒：取 108 瓣大蒜，將它們剝皮並用線串在一起，製作成為項鍊，將大蒜項鍊圍在孩子的脖子上，可預防咳嗽或感冒。
4. 急性腹痛：10 滴大蒜油和 1/2 茶匙酥油混合一起吃。
5. 大蒜奶：將 1 杯牛奶、1/4 杯水和 1 瓣大蒜（切碎）混合在一起，小火煮沸，直到剩下 1 杯液體。在睡前喝大蒜奶，可促進良好的睡眠，有助於關節炎，也有一些催情的效果。

洋蔥 Onion

生食洋蔥味道是辣味，效力為熱性，消化後的作用為辣味，素質為刺激、助消化，可降低 Kapha dosha，加重 Pitta dosha，Vata dosha 宜適量攝取。洋蔥煮熟味道是甜味、辣味，效力為熱性，消化後的作用為甜味，素質為助消化、驅逐氣體，可降低 Vata dosha 和 Pitta dosha，Kapha dosha 宜少量攝取。

一般效能：興奮劑，發汗，催情，祛痰，緩解感冒、流感，全身體衰，性衰弱。用油或酥油烹煮，可加強肌肉的韌性，有助於體力消耗。吸入生洋蔥可治療昏厥和抽搐。

居家療方

1. 抽搐和昏厥：切一個洋蔥，吸入香氣，直到飆出淚水來。
2. 急性癲癇發作：在眼睛上滴 2 滴新鮮的洋蔥汁，將有助於緩解痙攣。
3. 痔瘡：取 1 湯匙洋蔥汁、1 茶匙冰糖和 1/2 茶匙酥油，每天兩次內服。
4. 性功能障礙：取 1 大湯匙洋蔥汁，1 小茶匙新鮮生薑汁混合一起喝，每日 2 次。

海藻 Seaweed

海藻帶有鹹味與澀味，效力為冷性，消化後的作用為甜味，可降低 Vata 和 Pitta dosha，提高 Kapha dosha。

一般效能：含有多種礦物質和維生素 B1、B2、B6、B12、C、E，高蛋白質，可緩解血漿水腫、充血、甲狀腺囊腫、良性腫瘤。

芥菜 Mustard greens

帶有辣味和苦味，效力為熱性，消化後的作用為辣味，其素質為尖銳、油滑，降低 Vata 和 Kapha dosha，提高 Pitta dosha。

一般效能：興奮劑，祛痰，高量的鈣、鐵、維生素 A 和菸酸。

紅薯 / 山藥

Sweet potatoes / Yams

帶有甜味，效力為冷性，消化後的作用為甜味，素質為柔軟、重。可降低 Vata 和 Pitta dosha，加重 Kapha dosha。

一般效能：病後恢復期，抗衰老，降低癌症風險（特別是肺癌），維生素 A、C、β-胡蘿蔔素含量高，抗氧化性能高，低卡路里。

*注意事項：山藥難消化，盡量不與其他蔬菜一起，比較容易消化。

玉米 Corn

味道有甜味和澀味，效力為熱性，消化後的作用為辣味，素質為輕、乾燥與粗糙，加重 Vata dosha 與 Pitta dosha，可平衡 Kapha dosha。

玉米是北美洲印第安人最受尊敬的穀物之一，玉米是一種輕、乾燥、溫暖的穀物，它的屬性不論任何形式的烹飪方式，都是 Kapha 人理想的選擇。當 Vata 人在烹調玉米時，應該加入一些液體，如玉米粥或玉米湯，避免吃烤玉米，會增加乾燥性。Pitta 人禁吃炸物，如玉米片。

一般效能：新鮮玉米可利尿，緩解肝炎、膽結石、腎結石、尿道感染、水腫，滋補腦神經系統，有助於增重，建設骨骼和肌肉，富含維生素A、B、C和礦物質鈉、磷、鐵、鋅、鉀、鎂及纖維。

*注意事項：有消化系統疾病或肥胖者應避免攝取，玉米加重排便的乾燥性。

辣椒 Chilies

辣椒含辣味，效力為熱性，消化後的作用為辣味，其素質是尖銳、熱，可降低 Vata 和 Kapha dosha，增高 Pitta dosha。提高消化腸火，是 Rajas 食物。

一般效能：興奮劑，發汗劑，助消化，增加食慾，減輕充血、燒傷、寄生蟲、肺部疾病（氣喘、支氣管炎、氣腫氣管、支氣管細胞腫脹）、身體疼痛等。

蘑菇 Mushrooms

含有甜味和澀味，效力為熱性，消化後的作用為辣味，素質為乾燥、重、慢，提高 Vata dosha，降低 Pitta 和 Kapha dosha。

一般效能：利尿，收斂，止血，消水腫，減重，抗腫瘤，抗癌，降膽固醇，延年益壽。

*注意事項：身體有腫膿感染時不要吃。

甜椒 Sweet pepper

甜椒是甜味，效力為熱性，消化後的作用為甜味，素質為輕、油性和溫暖。他們平靜地對待 Vata 和 Kapha dosha，Vata 和 Kapha 人可以適量接受甜椒，而甜椒會輕微加重 Pitta dosha，只要不過量，Pitta 人仍然可以接受。

關於豆類

所有豆類都是 Rajas 食物，導致氣體和刺激性的身體、心靈、感官、情緒，不推薦用於瑜珈行者，因為豆類會加重頭腦，綠豆和豆腐是唯一的兩個例外。

豆類是蛋白質，含所有的必需氨基酸。它們和穀物結合很好，尤其是印度巴斯馬蒂大米豆類可以與蔬菜結合，但不能與其他豆類、醣類、水果結合。

綠豆 Green / Mung beans

帶殼綠豆帶有甜和澀味，效力為冷性，消化後的作用為辣味，其素質為輕，可降低三個 Doshas。去殼綠豆含有甜和澀味，效力為冷性，消化後的作用為甜味，其素質為輕、乾燥，可降低 Vata 和 Pitta dosha，平衡 Kapha dosha。

一般效能：製冷劑，解熱，止血，舒緩 Pitta 發熱或傳染病引起的疾病，發熱期間內解渴，肝病藥物，吸煙或酒精排毒，對癌症、肝脾腫大、出血、高燒熱或中暑、外部燒傷、潰瘍、腫脹、關節發炎、乳房腫脹、乳腺炎、乳腺癌都有幫助。適合作為夏季療養的食物。含有維生素A、B、C、葉綠素、碳水化合物、鈣、磷、銅、鈷。

綠豆芽 Sprouts

帶有甜味，效力為冷性，消化後的作用為甜味，素質為輕、多汁，增高 Vata dosha，降低 Pitta 和 Kapha dosha。

一般效能：抗酸，抗生素，反毒素，清潔肝臟和膽汁，解酒，舒緩胃酸過多。

豌豆 Peas

帶有澀味，效力為冷性，消化後的作用為辣味，素質為硬、慢、重，降低 Pitta dosha 和 Kapha dosha，加重 Vata dosha。

一般效能：血液清潔劑，防止闌尾炎和潰瘍，降低膽固醇，控制血糖，降低血壓，低熱量蛋白質，抗致癌物質，高纖維。

鷹嘴豆 Chickpea

含有甜味，效力為冷性，消化後的作用為辣味，其素質為乾燥、粗糙、重，提高 Vata dosha，降低 Pitta 和 Kapha dosha。

一般效能：營養，含有鈣、鐵、鉀、維生素 A。催情，加強生殖組織功能。利尿。烹飪時，用烘烤的方式，可解除氣體。

扁豆 Lentil brown / Red

「棕色扁豆」含有澀味，效力為熱性，消化後的作用為辣味，其素質為粗糙、重。「紅色扁豆」含有甜和澀味，效力為冷性，消化後的作用為甜味，其素質為清、柔軟，提高 Vata dosha，降低 Pitta 和 Kapha dosha。

一般效能：適用於痰溼性疾病，他們減少脂肪並吸收水分。含高鈣、鎂、磷、硫、維生

素 A、蛋白質。

＊注意事項：對眼睛不好，消耗視能。扁豆很難消化，容易造成便秘。

海軍豆，又稱白腰豆 Navy bean

含有甜、澀味，效力為熱性，消化後的作用為辣味，其素質為乾燥、粗糙，提高 Vata dosha，降低 Pitta 和 Kapha dosha。

一般效能：營養助消化，但是難以消化。

利馬豆，又稱皇帝豆 Lima bean

含有甜和澀味，效力為冷性，消化後的作用為甜味，降低 Pitta 和 Kapha，提高 Vata。

一般效能：在豆類中算是容易消化的，特別是新鮮的皇帝豆。富含鉀、維生素和纖維。

大豆 Soy beans

含有甜和澀味，效力為冷性，消化後的作用為辣味，其素質為油膩、重，提高 Vata 和 Kapha，降低 Pitta dosha。

大豆乳酪 Soy cheese

含有澀和酸味，效力為熱性，消化後的作用為辣味，其素質為重，降低 Vata dosha，提高 Pitta 和 Kapha dosha。

豆腐 Tofu

含有甜和澀味，效力為冷性，消化後的作用為辣味，其素質為柔軟，降低 Pitta，平衡 Vata 和 Kapha dosha。

丹貝 Tempeh

含有澀味，效力為熱性，消化後的作用為辣味，其素質為輕，提高 Vata dosha，降低 Pitta 和 Kapha dosha。

大豆粉 Soy flour

含有澀和酸味，效力為冷性，消化後的作用為辣味，其素質為油膩、重，提高 Vata 和 Kapha dosha，降低 Pitta dosha。

大豆香腸 Soy sausages

含有澀和酸味，效力為熱性，消化後的作用為辣味，其素質為油膩、重，降低 Vata dosha，提高 Pitta 和 Kapha dosha。

醬油 Soy sauce

含有澀和酸味，效力為熱性，消化後的作用為辣味，其素質為發酵物，降低 Vata dosha，提高 Pitta 和 Kapha dosha。

關於堅果和種子

堅果和種子大多數是溫和的甜味，富含營養素，恢復活力，是最佳的植物蛋白質來源，可增加脂肪、骨髓、神經組織、生殖組織、Ojas(生命汁液)，建立血液和肌肉，增強記憶力和創造力，屬 Sattwa 食物，可幫助進行瑜珈和冥想。

堅果和種子盡量不要與豆類、澱粉類蔬菜（如馬鈴薯）、奶製品、穀物、糖和水果同一時間攝入，比較適合在單獨食用，否則會因為堅果和種子的「重」質量，讓食物更難消化。若是與香料（如薑、綠荳蔻、茴香等）結合一起食用，便是良好的解毒劑，也幫助消化。

杏仁 Almond

帶皮杏仁是甜味中帶有一些苦味，效力為熱性，消化後的作用為甜味，其素質為油、重、帶勁，降低 Vata 和 Kapha dosha，提高 Pitta dosha。

去皮浸泡的杏仁是甜味，效力為冷性，消化後的作用為甜味，其素質為油、重、帶勁，降低 Vata 和 Pitta dosha，提高 Kapha dosha。

一般效能：滋養神經，壯陽藥，緩瀉劑，振興身體，緩解咳嗽、乾咳，增加骨髓、精液，滋補腎臟、生殖器官、大腦，病後恢復期，抗衰老，建立強壯的骨骼和 Ojas，對心臟有益，降低不良膽固醇並提高良好膽固醇，含高鉀、鎂、磷、蛋白質、纖維和微量礦物質硼（可以調節鈣代謝）。

巴西堅果 Brazil nuts

含有甜味及澀味，效力為熱性，消化後的作用為甜味，素質為油膩、重，可降低 Vata dosha，提高 Pitta 和 Kapha dosha。

一般效能：營養，它們會提高抵抗力。

腰果 Cashew

含有甜味，效力為熱性，消化後的作用為甜味，其素質為油膩、重、帶勁，降低 Vata dosha，提高 Pitta 和 Kapha dosha。

一般效能：祛痰，幫助深層組織，含高鉀、鎂、維生素 A。

椰子 Coconut

含有甜味，效力為冷性，消化後的作用為甜味，其素質為幫助黏液分泌，降低 Vata 和 Pitta dosha，提高 Kapha dosha。

一般效能：降溫，利尿，鎮痛劑，潤膚劑，降高 Pitta dosha 從發熱和傳染病中恢復。

榛子 Hazelnut

榛子含有甜和澀味，效力為熱性，消化後作用為甜味，其素質為帶勁，降低 Vata dosha，提高 Pitta 和 Kapha dosha。

一般效能：有助於恢復慢性疲勞綜合症，幫助低血糖，緩解酵母菌感染，鉀、硫、鈣的含量高。

蓮子 Lotus seeds

含有甜味和澀味，效力為熱性，

消化後的作用為甜味，其素質為重，可降低Vata，提高Pitta（可少量食用）和Kapha dosha。

一般效能：營養滋補，催情，恢復活力，幫助深層組織和ojas（生命汁液）、遺精、白帶、不孕症、神經衰弱。蓮子與Ashwagandha草藥和Shatavari草藥結合一起使用，是很好的組合。

*注意事項：蓮子非常難以消化。

胡桃 Pecan

含有甜味和澀味，效力為熱性，消化後的作用為甜味，其素質為油膩、重，降低Vata dosha，提高Pitta和Kapha dosha。

一般效能：營養，催情，滋補骨髓、神經、生殖系統，老年人瀉藥，增加食慾，恢復精力，鉀和維生素A含量高。

開心果

Pistachio

含有甜味，效力為熱性，消化後的作用為甜味，其素質為油、帶勁，降低Vata dosha，提高Pitta和Kapha dosha。

一般效能：補品，鎮靜劑，緩解貧血、神經衰弱，建立肌肉，能量，有助於酒精康復，它們含有豐富的鉀、磷和鎂鹽，有助於控制高血壓。

核桃 Walnut

含有甜味，效力為熱性，消化後的作用為甜味，其素質為重、油，降低Vata dosha，提高Pitta和Kapha dosha。

一般效能：營養，催情，瀉藥，骨髓，鎮靜神經，生殖組織，老年人瀉藥，對寄生蟲、癬（內部和外部使用）、皮膚狀況有用。葉子用於清洗惡瘡和白帶。含高鉀、鎂、維生素A，可降低血清膽固醇。

芝麻籽 Sesame seeds

含甜、苦、澀味，效力為熱性，消化後的作用為辣味，其素質為重、油，降低Vata dosha，提高Pitta和Kapha。

一般效能：營養，滋補，恢復活力，滋養所有組織，內臟和皮膚、牙齒、骨頭和頭髮的生長，抗衰弱。建立免疫力和生命汁液，芝麻籽可緩解結腸炎、胃炎、胃灼熱和消化不良。黑色芝麻最適合滋補，白色的種子容易迅速腐敗。

關於油品類

大致來自於堅果、種子、豆類、油性蔬菜或動物組織，其用途有保持脂肪、神經和骨髓組織的潤滑，使其容易分泌排解物和順利的排出。若用在按摩，可以軟化皮膚和肌肉，由皮膚吸入可溶解毒素和減輕充血，從而潤滑肺部、大腸，滋養更深層的組織。應注意，若在嘔吐、充血、血液有毒、皮膚滲血，或是劇烈疼痛、心悸的狀態下，不要過度進行按摩，只用少量的油在腹部輕輕的按摩。

杏仁油 Almond oil

杏仁油帶有甜味和苦味，效力為熱性，消化後的作用為甜味，其素質為重，可降低 Vata dosha， 提 高 Pitta dosha 和 Kapha dpsha。

一般效能：祛痰，滋補，緩解咳嗽，緩解肺部和腎臟的疾病，舒緩肌膚和肌肉緊張、疼痛。如用於按摩可減少皺紋和妊娠紋。

蓖麻油 Castor oil

含有甜味和苦味，效力為熱性，消化後的作用為甜味，其素質為重，可降低 Vata dosha 和 Pitta dosha，但會加劇 Kapha dosha。

蓖麻油是在 Vata 條件下產生的最好的疾病治療油，也是最好的瀉藥油，被稱為「油之王」。阿育吠陀比喻闡明了蓖麻油的作用，獅子是叢林之王，無論牠走到哪裡，所有動物都會逃跑。同樣，當蓖麻油到達體內時，所有疾病都會

消失，這是 Vata 疾病的主要補救措施之一。

一般效能：通便，解痙攣、癲癇、關節炎、神經疼痛。可以解毒，減少腹部腫瘤、腫脹和疼痛。使用蓖麻油漱口可清潔牙齦。

＊蓖麻油有強效力的瀉藥功能，若作為食用油，應特別注意。
＊外敷可幫助癒合傷口，扭傷，月經來潮的疼痛。

椰子油 Coconut oil

椰子油含有甜味，效力為冷性，消化後的作用為甜味，其素質為油膩、重，可降低 Vata dosha 和 Pitta dosha， 提 高 Kapha dosha。

一般效能：營養品，潤膚，冷卻劑，若是炎症性皮膚（如牛皮癬）、溼疹、曬傷、燒傷、嘴唇乾裂、發燒乾咳、肺部燃燒，椰子油是最適合撫慰和消化的油之一。

玉米油 Corn oil

玉米油含有甜味、澀味，效力為熱性，消化後的作用為辣味，其素質為乾燥、粗糙、熱， 提 高 Vata 和 Pitta dosha， 降 低 Kapha dosha。

一般效能：利尿，緩解排尿困難，滋養皮膚。

芥菜子油 Mustard oil

芥菜子油含有辣味，效力為熱性，消化後的作用為辣味，有強烈的味道，降低 Vata 和 Kapha dosha，提高 Pitta dosha。

一般效能：非常適合 Kapha dosha 和 Vata dosha 過盛而引起的疾病。對於 Kapha 而言，防寒，解除鬆散肺黏液，緩解充血、寒冷、關節沉重、關節炎、腹痛。

橄欖油 Olive oil

綠色橄欖含有甜味，效力為冷性，消化後的作用為甜味，其素質為輕，降低 Vata 和 Pitta dosha，提高 Kapha dosha。黑色橄欖含有甜味，效力為熱性，消化後的作用為甜味，其素質為重、油滑，降低 Vata dosha，提高 Pitta 和 Kapha dosha。

一般效能：輕度瀉藥，肝臟，軟化膽結石，膽汁，皮膚，頭髮，降低膽固醇，導致脂肪團（尤其是以 Kapha dosha 為主要的體質）。

＊綠色橄欖油適合按摩，因為它的性質較輕，有助於控制血壓和糖尿病。

花生油 Peanut oil

花生含有甜味，效力為熱性，消化後的作用為甜味，其素質為強化功能，降低 Vata dosha，提高 Pitta 和 Kapha dosha。

一般效能：瀉藥，緩和，利尿。

＊作為食用油，營養不及芝麻油。

紅花油 Safflower oil

紅花油含有甜和澀味，效力為熱性，消化後的作用為辣味，其素質為輕、油膩、尖銳，降低 Vata dosha，提高 Pitta 和 Kapha dosha（輕度）。

一般效能：瀉藥，溫暖，循環心臟、血液，促進免疫，含有維生素 E。

＊用於按摩最適合月經疼痛。

芝麻油 Sesame oil

芝麻油是甜和苦味，效力為熱性，消化後作用為甜味，其素質為加強潤滑，降低 Vata dosha，提高 Pitta 和 Kapha dosha，是高度 sattwic 食用油。

一般效能：補藥，恢復活力，鎮靜瀉藥，營養。

＊作為按摩油，它是最好的油，當用於按摩時，它快速滲入皮膚到達層組織，可滋養和排毒最深的組織層。可瘦身，解除便秘，殺死寄生蟲，它治癒所有疾病，若是 Pitta 使用芝麻油，會讓眼睛和皮膚更灼熱。

＊芝麻幫助所有神經、肺、腎、腦、衰弱，恢復活力，鎮定神經，緩解肌肉緊張、痙攣和疼痛、焦慮、震顫、失眠、抽搐、乾咳、慢性便秘，有益於聲音和視力、頭髮、指甲、牙齒、骨骼、兒童、老人。最深的滲透油，最適合 Vata dosha，最適合瑜珈飲食用油，高 Sattwa，改善免疫系統和 Ojas，是抗氧化劑。

黃豆油 Soybean oil

黃豆油是澀味，效力為冷性，消化後的作用為辣味，其素質為粗糙、乾燥和重，提高 Vata dosha，降低 Pitta 和 Kapha dosha。黃豆本身是油膩和重，經提煉後，黃豆油為粗糙、乾燥與重。

一般效能：利尿，維生素 E 含量高。

向日葵油 Sunflower oil

含有甜味和澀味，效力為冷性，消化後的作用為甜味，其素質為潤滑，所有 Doshas 都適用。

一般效能：營養，潤滑皮膚，緩解咳嗽、肺熱，維生素 E 含量高。

豬油 Lard

含有甜味，效力為熱性，消化後的作用為甜味，其素質為重、油膩，不利於所有的 Doshas。

＊注意事項：動物油很難消化，容易堵塞渠道產生毒素，進而促成肥胖，容易產生皮膚病和膽結石。

印度酥油 Indian ghee

甜味，冷性，消化後的作用為甜味，可點燃消化腸火，適用於所有 Doshas，其效能有改善智力、記憶、消化，幫助長壽、提高生殖液、視力，對兒童和老人有益，給身體柔軟，有愉快的聲音，對肺部、皰疹、損傷、Vata 和 Pitta dosha 所引起的病症、對精神錯亂、發燒、結核病有益，是高度 Sattwa 的食品。

良好品質的酥油來自於母牛產下小牛後，兩個月以內的初乳乳汁製造而成的，酥油的油性質和消化率均高於任何植物油。它是一種吸收和排出體內毒素的淨化器，雖然它來自於動物，但由於其有益的作用仍被許多素食者喜愛。酥油含有維生素 A、D 和礦物質，由於沒有微量的乳固體，可長時間儲存而不需要冷藏，植物油也適合煎炸和烹飪，但不像酥油那樣容易被消化。

關於甜味劑

我們需要一定量的甜味來維持組織發育，這是因為我們身體的基本味道是甜的。

白糖是精製糖，已經被剝奪營養，如果甜味來自白糖，當白糖被吸收到體內時，身體會消耗營養和能量來消化白糖的甜味，容易形成組織中的毒素。如果身體組織需要的甜味，不是來自於白糖，可能不會發生這樣的狀況。

甜味是入口後最早被消化且能滋養血漿組織的味道，能夠單獨使用甜味是最好，例如：單獨喝蜂蜜。如果在飯後吃甜點或甜飲料，只會消化糖分，食物則不會被消化，滯留在腸道中的食物會腐酸，產生氣體、形成腸道毒素。

原糖如蔗糖、楓糖漿等，含有身體所需的營養。糖可以緩解灼熱感、口渴、嘔吐、昏厥和出血性疾病。如果舌頭有明顯的舌苔，建議只用新鮮的蜂蜜。

＊甜味不能與鹹味相結合。

＊甜味與牛奶、酥油、薑或肉桂結合一起使

用，會有滋補血漿組織的作用。
＊香料可以緩解甜味如：綠荳蔻、茴香、薑、孜然等，這就是為什麼 Kapha 體質的人，特別的需要香料。

麥芽糖 / 漿 Maltose/Malt syrup

含有甜味，效力為冷性，消化後的作用為甜味，其質量為油膩、重，降低 Vata 和 Pitta dosha，提高 Kapha dosha。

一般效能：具有滋補作用，尤其是幫助成長中的兒童 (胖小孩例外)，幫助病後的恢復期。

緩和作用如鎮痛、慢性感冒、胃、腹部和腸痙攣、絞痛等狀況。

果糖 Fructose

含有甜味，效力為冷性，消化後的作用為甜味，其質量為油膩、液體，降低 Vata 和 Pitta dosha，提高 Kapha dosha。

一般而言，果糖使糖分代謝紊亂，減弱消化能力，同時會產生過量的毒素，紅棗糖和葡萄糖是兩種較好的水果糖。

有許多水果糖來自於外來國家的水果，這些國家是否噴灑濃藥不得而知，因此，了解果糖的來源也很重要，建議吃本國產的有機水果和使用國產的有機果糖。

蜂蜜 Honey

蜂蜜是最好的甜味劑，含有甜味，效力為熱性，消化後的作用為甜味，其質量為熱性與摩擦脂肪，降低 Vata 和 Kapha dosha，提高

Pitta dosha。

一般效能：可滋養心靈、神經感官、提升免疫系統、提高 Ojas(蜂王漿和蜂膠對 Ojas 更好)。

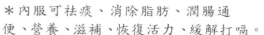

＊內服可祛痰、消除脂肪、潤腸通便、營養、滋補、恢復活力、緩解打嗝。
＊外用可潤膚，清潔和癒合傷口。
＊可以在溫水中加入原料蜂蜜，它促進嘔吐，有助於淨化多餘的 Kapha dosha。
＊在熱天氣時，若 Pitta 體質食用蜂蜜，易產生 Pitta 毒素，若過量會變成有毒物質。
＊蜂蜜是補品，它也是一種很微妙的毒素，不可過度食用，不可加熱使用。
＊若與酥油一起，絕對不可以等量如 1:1 或 2:2 的使用，會引發感染、發燒、腫瘤等狀態。

楓糖 Maple sugar

含有甜味，效力為冷性，消化後的作用為甜味，其質量為輕、強化作用，可降低 Vata 和 Pitta dosha，提高 Kapha dosha。

一般效能：最好的天然糖之一，營養品，緩和咳嗽、發燒和灼熱感。

糖蜜 Molasses

含有甜味，效力為熱性，消化後的作用為甜味，其質量為重、促進出血，降低 Vata dosha，提高 Pitta 和 Kapha dosha。

一般效力：含礦物質鐵，營養幫助建立血液、肌肉、心臟，可滋補婦科妊娠及產後恢復。

＊糖蜜是一種壯陽藥，可幫助消瘦和減少 Vata dosha。

潤粽糖 Jaggery

又稱為印度黑糖 / 粗糖，是把甘蔗汁反覆煮滾，濃縮，冷卻後成為各種形狀。

含有甜味，效力為熱性，消化後的作用為甜味，其質量為重與強化，降低 Vata dosha，提高 Pitta 和 Kapha dosha。

一般效能：幫助疼痛排尿，有助於消除糞便和尿液。天然含有維生素和礦物質的糖，幫助貧血，衰弱的身體。只有輕度的提高 Kapha dosha(少量使用即可)。

白糖 White sugar

它是人工且過度烹飪的，會加重血液，從體內浸出維生素和礦物質，擾亂水分、糖分和脂肪的新陳代謝。削弱肝臟和胰腺功能。產生有毒物質，是 Tamas 食品。

關於穀物類

大麥 Barley

含有甜味，效力為冷性，消化後的作用為甜味，其素質為輕、利尿，增高 Vata dosha，降低 Pitta 和 Kapha dosha。

一般效能：減少體內脂肪和黏液，有助於呼吸困難、肺病康復、咳嗽、喉嚨黏液、發燒、關節炎、水腫、腎臟、腹瀉、大腿僵硬和皮膚

病，清潔泌尿道。它可以強化穩定、治癒感染，並清除毒素。防止膽固醇在腸內吸收，有助於抑制肝臟中的膽固醇。刺激肝臟和淋巴系統。含有鈣、鐵、蛋白質和鉀。

蕎麥 Buckwheat

含有澀、甜、辣味，效力為熱性，消化後的作用為甜味，其質量為重、乾燥，降低 Kapha dosha，增高 Pitta dosha，平衡 Vata dosha。

一般效能：它不像小麥那麼有營養，但仍然被認為是一種有益的食物。

燕麥 Oats

含有甜味，效力為冷性，消化後的作用為甜味，乾燥的燕麥其質量為乾燥、粗糙，提高 Vata dosha，降低 Pitta 和 Kapha dosha。煮過的燕麥其質量為重，提高 Kapha dosha，降低 Pitta 和 Vata dosha。

一般效能：潤膚，通便，鎮靜和加強心靈神經（特別是燕麥秸稈），構建組織，包括生殖。使血液正常化，平衡糖尿病患者的葡萄糖，有助於減緩甲狀腺疾病，中和多餘的膽固醇，含有大量的鐵、維生素 E、硫胺素、核黃素、菸酸和 B 群複合物。蛋白質容易被同化。

* 有點重，難以消化，尤其是加糖和牛奶。可能會導致皮疹或加重有毒血液狀況。

黑麥 Rye

含有澀味，效力為熱性，消化後的作用

為辣味，其質量為乾燥、輕，增高 Vata 和 Pitta，降低 Kapha。

一般效能：利尿，是最好的 Kapha 穀物之一，很少引起過敏反應，含有大量的賴氨酸，有助於腺體，有利於減肥。

小麥 Wheat

含有甜味，效力為冷性，消化後的作用為甜味，其質量為重、油膩、瀉藥，降低 Vata 和 Pitta dosha，提高 Kapha dosha。

一般效能：營養，催情，加強兒童生長，建立肌肉組織，給予能量，鎮靜心靈、心悸、失眠、潰瘍、結腸炎、痔瘡，癒合骨折，小麥加牛奶和糖可幫助治療出血性疾病。若做成薄煎餅 (Chapati)，是完全無發酵的餅，麥麩是一種散裝的瀉藥，在印度要減重，阿育吠陀醫生通常會建議吃小麥做的 Chapati 餅代替米飯。

*做成泥敷劑可外用，治療燒傷、瘡、皮疹等。

米 Rice

「白色米」含甜味，效力為冷性，消化後的作用為甜味，其質量為輕、柔軟，適合所有的 Doshas，白米營養價值高，容易消化，其中印度 Basmati 大米頗受瑜珈行者們的喜愛，是高度 Sattwa 食品。

「棕色米」含甜味，效力為熱性，消化後的作用為甜味，其質量為重，降低 Vata dosha，提高 Pitta 和 Kapha dosha。

一般效能：滋補，營養，緩和，緩解嘔吐、厭食、消化不良，協調胃，通過血漿建立所有組織，舒緩神經系統和大腦。幫助排除體內毒素，高 B 群複合物。

*注意事項：糙米可能有更多的營養，但由於它較難消化，如果沒有良好的消化火 (Agni)，人們可能無法獲得任何營養。

小米 Millet

含有甜味，效力為熱性，消化後的作用為甜味，其質量為乾燥、輕，提高 Vata 和 Pitta dosha，降低 Kapha dosha。

一般效能：營養，恢復衰弱，有益健康但難以消化。小米富含鐵、卵磷脂和膽鹼，因此可以預防某些形式的膽結石。它富含蛋白質和營養，有益於結腸炎、潰瘍和泌尿系統疾病。由於其鹼性，它對脾臟、胰腺和胃有益。

義大利麵 Pasta

含有澀味，效力為冷性，消化後的作用為甜味，其素質為重、柔軟，提高 Vata 和 Kapha dosha，降低 Pitta dosha。義大利麵含碳水化合物，在大腦中產生平靜和快樂的血清素。也含有鐵、磷、鎂。

*注意事項：麩質可能導致皮膚過敏，加重關節炎、痛風或其他疾病。白麵粉是一種人工和過度精製的食物，容易堵塞渠道，產生毒素和沉悶的心靈，屬於 Tamas 食物。

關於肉類和魚類

肉類是營養最豐富的食物，具有優異的耐力，適合病後恢復期，降低 Vata dosha。肉類容易滋生毒素或嘔吐物，導致感染、發燒、腫瘤，使頭腦和感官變得遲鈍，減少愛和同情心，長期的影響造成不良業力，牛的紅肉是最負面的業力。家禽的業障率較低，魚更少，貝類最少，雞蛋只有很小的一點。

吠陀文本（Shastras）指出，在兩種情況下，殺生是可以被接受的，第一是工作，例如漁夫；另外，則是如果需要拯救人的生命。

肉就像藥物，能促進身體健康，但它不會滋養和重建更微妙的組織，非有機動物產品充滿了激素、抗生素和化學物質，動物經常發病並且治療不好。因此，吃下這些產品時，化學物質被攝入，產生低組織質量，並使頭腦變得遲鈍，骨頭和肌肉感覺沉重，造成有毒血液。

* 注意事項：用適當的香料加入肉類烹調，可幫助消化。生肉或未完全煮熟的肉，會加重血液毒素。

▌牛肉 Beef

含有甜味，效力為熱性，消化後的作用為甜味，其素質為重、油膩，可降低 Vata dosha，提高 Pitta 和 Kapha dosha。是 Tamas 食物。

一般效能：有營養，建立血液和肌肉，給力量，增加耐力。

* 禁忌：過度食用牛肉會加重血液毒素，減少同情心，鈍鈍的頭腦。

▌雞肉 Chicken

白肉雞含有甜和澀味，效力為熱性，消化後的作用為甜味，其素質為輕，增高 Vata dosha，降低 Pitta 和 Kapha dosha，是 Tamas 食物。黑肉雞含有甜味，效力為熱性，消化後的作用為甜味，其素質為重、暖，可降低 Vata dosha，而提高 Pitta 和 Kapha dosha。

一般效能：是最容易消化的肉類，改善吸收、厭食、衰弱。適合病後恢復期（尤其是作為燉湯）。

▌雞蛋 Egg

含有甜味，效力為熱性，消化後作用為甜味，其素質為重、油膩。蛋黃增加膽固醇，降低 Vata dosha，增高 Pitta 和 Kapha dosha。蛋白可降低三個 Doshas。

▌鴨肉 Duck

含有甜味和辣味，效力為熱性，消化後作用為甜味，其素質為重、暖，降低 Vata dosha，增高 Pitta 和 Kapha dosha。

一般效能：比其他肉類更有營養。

* 注意事項：難以消化。

▌羊肉 Lamb

含有甜味，效力為熱性，消化後的作用為甜味，其素質為重，提高三個 Doshas，是 Tamas 食物。

一般效能：增加性能力，春藥，刺激性。

*注意事項：用大蒜烹飪則加重血液。

豬肉 Pork

含有甜味，效力為熱性，消化後的作用為甜味，其素質為中、油膩，提高三個 Doshas，是 Tamas 食物。

*注意事項：容易產生沉悶，頭腦和感官顯沉重，堵塞渠道，豬肉培根尤其難以消化，它比其他肉類更容易增加脂肪組織。

魚類 Fish

是補藥，恢復活力，通便，輕於肉，頭腦不會變鈍。其效能有建立血漿，魚油滋養肝臟、皮膚、眼睛，增強心臟，降低膽固醇和動脈硬化。貝類通常對腎臟、生殖組織和陽痿有益。他們減少 Vata dosha 而增加 Pitta 和 Kapha dosha。

*注意事項：加重血液濃度，可能導致腹瀉或噁心，若加入芥末、辣根、生薑、大蒜則可緩解。魚類不能和牛奶、糖、肉類一起烹飪。

金槍魚 Tuna

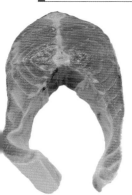

含有甜、鹹、澀味，效力為熱性，消化後的作用為辣味，其素質為重，降低 Vata dosha，提高 Pitta 和 Kapha dosha。

鮭魚 Salmon

含有甜味，效力為熱性，消化後的作用為甜味，其素質為熱、重、油膩，降低 Vata dosha，提高 Pitta 和 Kapha dosha。

蝦類 Shrimp

含有甜味，效力為熱性，消化後的作用為辣味，其素質為輕、油，可降低 Vata 和 Kapha dosha，平衡 Pitta dosha。

淡水魚 Freshwater fish

含有甜和澀味，效力為熱性，消化後的作用為甜味，其素質為輕、油、軟，降低 Vata dosha，可平衡 Pitta 和 Kapha dosha（過量則會增高）。新鮮很重要，罐裝或鹽漬會加重體液並引起嘔吐，蒸或烤是最好的，鱒魚是最容易消化的魚。

深海魚 Deep-sea fish

含有鹹味，效力為熱性，消化後的作用為甜，降低 Vata dosha，提高 Pitta 和 Kapha dosha。

關於液體

山羊奶 Goat milk

適用於所有的 Doshas，它輕鬆消化，治癒肺結核、發燒、呼吸困難、出血性疾病和腹瀉。

牛奶 Milk

液體對我們的營養非常重要，因為我們主要由血漿體組成。牛奶是冷性的能量，其中的質量「潤腸和通便」對於 Vata 和 Pitta 有益，但是「甜味、重和黏液」卻對 Kapha dosha 不利。但無論如何，它是滋養所有組織的，也令人振奮。牛奶促進長壽和振興活力，它有助於改善傷後的消瘦，增加智力、力量和母乳。是一種天然的瀉藥，可緩解疲勞、頭暈、毒素、呼吸困難、咳嗽、口渴和飢餓感，緩解慢性發熱、泌尿和出血性疾病。

新鮮黃油 Fresh butter

是一種催情劑，可以改善膚色，給予力量，幫助消化，吸收水分，幫助治癒 Vata 和 Pitta 疾病，幫助血液、肺結核、痔瘡、面癱、眼部和咳嗽的問題。

酸奶 Yogurt

在餐後經常可見到的飲品拉西 (Lasi)，是酸奶和水的混合，可以幫助消化和強化身體。

Lasi 的做法：1/2 的酸奶混合 1/2 的水或果汁，適合 Vata 和 Pitta dosha 使用。1/3 的酸奶混合 2/3 的水或果汁，適合 Kapha dosha。

* 注意事項：如果身體渠道有堵塞，應該避免喝酸奶或牛奶，例如腫瘤等。

酒精 Alcohol

少量葡萄酒輔助消化和循環，特別是阿育吠陀藥物葡萄酒，如 Draksha，可放鬆神經，促進月經循環。啤酒會導致腎結石。烈性酒非常具有破壞性。

* 注意事項：酒精飲品會過度加重所有的體液，加重血液流動，擾亂肝臟、胰腺、腎臟，會成癮，長期喝啤酒會導致水腫和超重。酒精擾亂心智，不想做瑜珈或冥想，是 Rajas 食品。

咖啡 Coffee

可以振興神經系統，偶爾使用可以刺激心臟循環，也可以緩解低血壓和抑鬱症。但應注意，它也是輕度麻醉劑，可能上癮。是 Rajas 食品。

水果汁 Fruit juice

果汁應當單獨使用，不要在餐後或用餐當中飲用，可以在餐前一小時或餐後一小時飲用。白天是喝果汁的好時光，晚上則不宜喝果汁。

蔬菜汁 Vegetable juice

蔬菜汁是淨化血液最好的天然食材，不但可以清潔血液，協助排毒，還能抗感染和腫瘤，蔬菜大都是苦澀味居多，若加一些蜂蜜在蔬菜汁中，不但可排毒，還能滋養細胞。蔬菜與水果一起打成汁，也是不錯的。

水 Water

水是吠陀書 (Atharva Veda) 中所描述的偉大治療師。它應該來自於乾淨的井或河流等。阿育吠陀說我們的身體大多由血漿組成，液體最好採用草藥茶勝過於一般的開水，因為喝太多的開水會消耗礦物質和營養。秋季和夏季是健康人最好飲用一般開水的兩個季節。Vata dosha 應飲用溫開水或熱開水，適合有甜酸味的果汁、蔬菜汁和草藥茶；Pitta dosha 應喝涼爽或室溫的開水，適合飲用甜、苦、澀味的果汁、蔬菜汁和草藥茶；Kapha dosha 應長年喝溫熱水，只取需要的液體量就夠了，適合苦、澀和辣味的草藥茶。

* 冷水／來自乾淨的山泉水：可以緩解酒精中毒、疲勞、昏厥、嘔吐、眩暈、口渴，因太陽熱引起的燒灼感，降低過於旺盛的 Pitta dosha，緩解血液濃度問題和中毒。

* 熱水或溫水：刺激飢餓，刺激消化能力和喉嚨，清潔膀胱，治癒肋骨區域、鼻炎、氣體、呃逆，清理尿道疼痛，緩解 Vata 和 Kapha dosha 的不平衡。要注意的是，身體、精神疲勞時，或有抽搐、飢餓，和上身部位出血時，不建議喝溫熱的開水，應該喝涼爽或平溫的開水。

* 喝少量的開水：對於某些疾病，建議少喝水，如流涎、水腫、消化不良、頑固性腹部疾病、腹水腫、眼病、潰瘍和糖尿病等。

* 煮沸的水：不會過度增加人體內的水分含量，在一小時內可以被消化，未煮沸的水需要三小時來消化。阿育吠陀強調，開水不宜過夜，它會變得陳舊和不純，當日煮沸的開水要當日喝完，藥草茶亦是如此。

茶 Tea

Vata 體質適合的茶類：

阿灣、印度羅勒、丁香、胡盧巴、新鮮薑、紫草、接骨木花、桉樹、茴香、胡蘆巴、杜松子、薰衣草、檸檬草、甘草、燕麥秸稈、橘皮、覆盆子、玫瑰果、番紅花、鼠尾草等。

Pitta 體質適合的茶類：

牛蒡、貓薄荷、洋甘菊、茴香、木槿、啤酒花、薰衣草、甘草、蕁麻葉、蒲公英、燕麥秸稈、薄荷、覆盆子、紅三葉草、草莓、紫羅蘭、冬青、西洋蓍草。

Kapha 體質適合的茶類：

牛蒡、洋甘菊、大麥、肉桂、丁香、紫草、茴香、胡蘆巴、乾薑、人參、芙蓉、茉莉、薰衣草、檸檬香蜂草、檸檬草、蕁麻葉、薄荷、覆盆子、紅三葉草、冬青、西洋蓍草、巴拉圭茶、番紅花等。

第四部　個人體質與飲食

在阿育吠陀的邏輯中，過度攝取某些味道會產生疾病；一天當中攝取六種味道，則可保身體平衡。舉例說明：一個以 Vata dosha 為主導體質的 Vata 人，在其體內也充滿了大量的 Vata 特質，可能有手腳冰冷、皮膚乾燥粗糙、身材纖細等特質，如果再一味的攝取 Vata 屬性的食物，則會讓身體內的 Vata dosha 過盛，使身體過於寒冷，產生過多的氣體，導致 Vata 條件的疾病產生，像便秘、打嗝、脹氣、寒冷症、失眠等。為了 Vata 人的身體平衡，平日應預防 Vata dosha 過盛，可以選擇第三部「食物體質」中，降低 Vata dosha 的食物作為主要的日常飲食依據。

為了便於大家理解及選擇，在此章節中以 Vata 人、Pitta 人、Kapha 人來做主要的說明，阿育吠陀建議人們，每天都要攝足六種味道，即是酸味、甜味、苦味、辣味、鹹味及澀味，而其中孰多孰少則要靠自己辨別。阿育吠陀希望人們可以照顧自己、照顧家人，而非一味的補充健康食品。

Vata 體質如何飲食？

什麼樣的飲食方式最為適合 Vata 人呢？Vata 體質必須選取新鮮的食材透過烹飪，選取質地柔軟或糊狀，富含蛋白質和脂肪，經過各種加溫或香料調味，並且保持溫暖或熱。透過這些食物潤滑和滋養組織，保持水分和溫暖，同時支持適當的消化與吸收，故能保持自身的平衡。有一些具體的原則，希望能夠協助您選擇食物的方向，同時安撫您的 Vata 體質。

選擇暖或熱性食物

盡量選擇溫暖的食物，以及充分使用溫暖的香料。最好避免食物冷卻、冷凍和冷凍過後的食物或飲料、碳酸飲料、大量水果和生蔬菜，或冰箱中的剩菜。這些食物的冷質量本來就增加了 Vata dosha，即使它們變熱了，還是會讓 Vata dosha 逐漸升高。

選擇濕潤和油性的食物

本身乾燥的 Vata 體質應該吃熱食，而非生食（如生魚片、生菜沙拉），透過烹調和大量優質的油或酥油以保持食物的水分，喝大量溫暖或熱的液體，理想的溫度是比室內更高一些的溫度。此外，潮溼的食物，如漿果、甜瓜、夏季南瓜、西葫蘆和酸奶，湯或燉菜，有助於 Vata 人本身的乾燥質量。油性食品，如鱷梨、椰子、橄欖、乳酪、雞蛋、全脂牛奶、小麥、堅果和種子，通常也是支持的。避免異常乾燥的食物，如爆米花、餅乾、馬鈴薯、豆類和乾果。

選擇適當的重質量食物

雖然重質量與 Vata 的輕盈是對比，但也不建議選擇非常重的食物，如果在一餐中攝取

太多也可能過重。重質量的食物雖然可以平衡 Vata 人的輕質量，但是如果攝取太多過重的食物，也會壓垮 Vata 人的消化力，如堅果、種子、油炸類等。

所以重要的是，適當攝取重質量的食物，將 Vata 人的輕盈維持在好的狀態。在食物上，選擇堅實的、穩定的能量來源，及深層營養來滋養身體。一般來說，這些食物自然會變甜，如煮熟的穀物、加香料的牛奶、根類蔬菜、燉水果、堅果和種子，都是很好的例子。高度加工的食物，如罐頭食品、現成的餐點和糕點，往往很重，缺乏能量，對 Vata 人有相當不利的影響。

應避免使用興奮劑，如咖啡因、尼古丁和酒，因為它們都會加重 Vata dosha。

選擇平滑的食物勝於粗糙的食物

有一些生水果和蔬菜，纖維結構使它們的質量非常粗糙，如花椰菜、高麗菜、芥藍菜、粗岑菜根，一些深綠葉蔬菜和許多豆類都格外粗糙，Vata 人應該避免，即使煮熟了，也是粗糙的，如糙米。豆類會產生過多的氣體，也不宜多吃。相反的，應食用質地光滑的食物，如香蕉、木瓜、山藥、鱷梨、熱穀物、清湯等，有助於舒緩 Vata 人的粗糙度。

適合攝取甜味、酸味和鹹味

Vata 人可以從甜味、酸味、鹹味中得到舒緩及平衡，而苦味、澀味、辣味會加重 Vata dosha。理解這些味道使我們能夠更好的選擇食品，而不需要靠食品清單。

選擇自然甜美的食物，如水果、大多數穀物、帶根蔬菜、牛奶、酥油、新鮮酸奶、雞蛋、堅果、種子、大多數油或滷或烤的肉類。甜味是安撫 Vata 人飲食的基礎味道，也是大多數 Vata 人主食的味道。甜食往往是接地氣、滋養、強力能源，和令人感到欣喜的。強調甜味，但不要吃大量精製糖或含糖的甜食，實際上，這樣做往往會加劇 Vata 人過度暴力和崩潰的傾向。應選擇來自於食物的甜味，如甜紅薯、甜菜根、煮熟的洋蔥。

添加一些酸味，如擠壓檸檬或酸橙汁、幾滴醋、一碗味噌湯、一片乳酪或一杯酸奶。酸果汁，如綠葡萄、橘子、菠蘿和葡萄柚，在二餐之間單獨食用。酸味一般不是主食的中心，相反的，它傾向於激勵其他的味道。酸味喚醒心靈和感官，改善消化，促進能量，滋潤其他食物，消除多餘的 Vata dosha。

鹹味幾乎單獨衍生自鹽本身。但贊成鹹味並不意味著你的食物應該被醃漬。事實上，一般的飲食中，鹽已經過分強調了。只要注意包括鹹味，並確保你的食物有一些鹽就已足夠。鹹味刺激食慾和消化，有助於保持水分，可適當的消除 Vata dosha，並改善許多食物的味道。

小量攝取辣味、苦味和澀味

辛辣的味道，是熱的食物，是乾燥的和輕量的。對於 Vata 人來說，辣味、苦味和澀味是本身所具有的味道，如果又攝取過多的辣味，身體呈現過度的乾燥，加劇了粗糙的質量，因此擾亂了 Vata dosha。如辣椒、生蘿蔔、生洋蔥和一些香料。

苦味是冷性、粗糙、乾燥、輕盈，並且

通常會降低所有的質量，傾向於加劇 Vata dosha。主要如苦瓜、羽衣甘藍、蒲公英、柔嫩綠色蔬菜等，也可見於菊芋、牛蒡根、茄子和巧克力等食品。

澀味基本上是一種乾燥的、冷性、重、粗糙的質量，所以加劇了 Vata dosha。乾澀的白堊味（如生香蕉），可能導致組織收縮。豆類是經典的澀味，如小豆、黑眼豌豆、大豆等。一些水果、蔬菜、穀物和烘焙食品也有澀味，如蘋果、蔓越莓、石榴、朝鮮薊、西蘭花、花椰菜、萵苣、黑麥、米糕和餅乾。

具體可以安撫 Vata 體質的食物

當談到平衡 Vata 人時，如何吃飯可能與我們吃什麼一樣的重要。當我們選擇和平的環境、安靜的氛圍，都可以安撫 Vata 過動的特質。Vata 人每天需要吃三餐飯，有時需要四餐飯，在固定的時間吃飯，可以平衡 Vata dosha 敏感且不穩定的消化力。

香料

大多數香料對於 Vata 人來說是美味的，只要你的菜餚不是熱性的，都可嘗試各種新鮮和異國情調的香料，通常可以幫助點燃 Vata 人的整體消化能力。

適合的香料：阿灣 (Ajwan)、多香果、八角、羅勒、桂冠葉、黑胡椒、綠荳蔻、肉桂、丁香、孜然、蒔蘿、茴香、大蒜、新鮮薑、阿魏、馬鬱蘭、薄荷、芥菜籽、肉荳蔻、牛至、辣椒、罌粟種子、迷迭香、藏紅花、鹽、龍蒿、百里香、薑黃、香菜。

應避免或最小量使用的香料：辣椒、辣椒粉、胡蘆巴、辣根、印度楝樹葉。

水果類

水果甜美滋養，一般可以安撫 Vata 人，雖然有一些生水果是適當的，煮熟或燉的水果更容易幫助 Vata 人消化，並提供額外的溫暖、水分和甜度。要避免那些特別冷性、澀味乾燥或粗糙的，包括大多數乾果（除非已浸泡或煮熟）。再一次強調，水果和果汁最好在飯前30分鐘至一小時或飯後一小時食用，這有助於確保水果被最佳的消化與吸收，而不是發酵後殘留在腸道。

適合的水果：以含甜味的水果為首要，如煮熟的蘋果、蘋果醬、杏子、成熟香蕉、漿果、哈密瓜、櫻桃、椰子（夏天食用）、紅棗（新鮮、熟或浸泡）、葡萄柚、葡萄（綠／紅／黑色）、奇異果、檸檬、芒果、甜瓜、橘子、木瓜、桃子、鳳梨、李子、杏仁（熟或浸泡）、葡萄乾（熟或浸泡）、羅望子、荔枝等。

應避免或最小量攝取的水果：生蘋果、綠色香蕉、蔓越莓、乾燥紅棗、一般乾果、梨、柿子、番石榴、葡萄乾、西瓜、乾燥無花果、草莓。

蔬菜類

根類蔬菜通常是甜的、潮溼的和成熟的，因為在地下生長，富含土元素，特別有益於 Vata 人，對於 Vata 人來說可增加穩定性。應避免特別乾燥、粗糙和冷的蔬菜，包括大多數生蔬菜，如果必須擁有生蔬菜、沙拉或任何粗糙的蔬菜，請在數量上保持最少的數量，並在消化率達到頂峰時的午餐食用。經過烹飪或加

上油性配料的食物，將有助於抵消這些食物乾燥、粗糙的品質。

適合的蔬菜：蔬菜都要煮熟，不可生吃。蘆筍、酪梨、紅甜菜根、胡蘿蔔、綠色甜椒、香菜、芥菜、煮熟洋蔥、生菜、豌豆，黃瓜、大蒜、綠豆，非常少量的青辣椒，韭菜、秋葵、黑色橄欖、南瓜、紅甜薯、西葫蘆、歐洲防風草、芋頭、豆瓣、黃瓜、山藥、大蒜。

應避免或最小量攝取的蔬菜：最好不要生食，也不要吃乾燥食物。朝鮮薊、苜蓿芽、柿子椒、苦瓜、花椰菜、牛蒡根、高麗菜生吃、橄欖菜、芹菜、辣椒、玉米、蒲公英葉、茄子、羽衣甘藍、生菜、蘑菇、水芹菜、綠色橄欖、洋蔥生吃、白蘿蔔、菠菜、豆芽、蕃茄、仙人球、辣根、白色馬鈴薯、大頭菜蘿蔔、球芽甘藍。

豆類

Vata 人可以享受一些豆類，只要它們是煮熟或加香料的。對於 Vata 人來說，最適合的豆類應該是新鮮帶著莢，不是單獨一顆顆粗糙和乾燥的豆子。例如：豌豆莢是新鮮的，適合 Vata 人吃；但是單獨的豌豆則是乾燥的，就不適合 Vata 人吃了。新鮮的豆類比較快煮熟，很容易被消化，並提供接地氣，滋養品質；其它太乾燥，粗糙的豆類對於 Vata 人的微妙消化來說，難度很大。

適合的豆類：紅色扁豆、綠豆、綠豆仁、新鮮豌豆莢、熱大豆乳酪、醬油（適中）、含大豆做的香腸、熱豆腐、黑豆仁。

應避免或最小量攝取的豆類：紅豆、黑豆、黑眼豌豆、鷹嘴豆、大紅芸豆、棕色扁豆、利馬豆、海軍豆、斑豆、黃豆、黃豆粉、乾燥的豌豆、白豆、綠豆芽、味噌。

堅果和種子

所有的堅果和大多數種子可以平息 Vata 人，使他們溫和。它們是油性、營養豐富的，提供了功能強大的蛋白質和脂肪，對 Vata 人非常有益。

適合的堅果和種子：一般來說，所有的堅果和種子都是有益於 Vata dosha 的，但是僅能適量的食用，因為它們很重，吃多了，反而容易壓垮不穩定的 Vata 體質人的消化腸火，造成耗弱的消化力。

應避免或最小量攝取的堅果和種子：爆米花。

油品

大多數油有益於 Vata 人，只要它們是高品質的油（最好是有機油）。過於輕或乾燥或太難消化的油，將會加重 Vata dosha。

適合的油類：杏仁油、酪梨油、蓖麻油、椰子油（夏天）、印度酥油、橄欖油、紅花油、芝麻油、葡萄籽油。

應避免或最小量使用的油類：芥菜籽油（辣味）、玉米油（乾燥、粗糙）、大豆油（辣味、乾燥和粗糙）、苦茶油（冷）、椰子油（冬天盡量少用）。

穀物

平緩 Vata 人的穀物通常是甜的、滋養的、容易消化的，並且很熟。例如米和布丁、燕麥片、小麥和米飯布丁奶酪，體現了平滑的質量，加糖和加香料時，常常是既美味又能安撫 Vata 人的食品。應避免質量特別輕、乾燥或粗糙的顆粒，特別是密實和重的穀物。

適合的穀物：煮熟的燕麥、小麥薄煎餅、藜麥、米、小麥、全麥、棕色米、巴斯蒂大米、蕎麥（適中）。

應避免或最小量攝取的穀物：大麥、酵母麵包、冷而乾燥或膨化的穀物、玉米、餅乾、格蘭諾拉麥片、小米、燕麥麩皮、乾燥燕麥、義大利麵、玉米粥、年糕、黑麥、木薯、烤麵包等。

肉和雞蛋

雞蛋和肉類可帶來營養和強壯，但應該選擇甜味和溼潤的肉類較容易消化；相對的，如果選擇乾燥肉或過重的肉類，對於 Vata 人不穩定的消化能力，將是一個負擔。

適合的肉類與蛋：牛肉、水牛肉、黑骨雞、鴨、蛋、新鮮的深海魚、三文魚、沙丁魚、海鮮、蝦、金槍魚、鮪魚、鮭魚。

應避免或最小量攝取的肉類：白雞、羊肉、豬肉、兔子、鹿肉。

乳製品

乳製品通常對於 Vata 是相當平衡的，但是要避免高度加工的製劑，如奶粉。如果是冷的乳製品，則適合加熱或加些香料（如肉桂或肉豆蔻）；如果需要，可以加一些糖。攝取熱的奶製品，可算是給 Vata 人的一項補品，而冷牛奶可能難以消化。

若服用新鮮熱奶（牛奶、羊奶等），應選擇在二餐之間，單獨攝取。

適合的乳製品：牛油、酪奶、乳酪、牛奶、印度酥油、山羊奶、冰淇淋（適度）、加熱且調味過的優格（適量）。

應避免或最小量攝取的乳製品：不論任何口味的冰凍優格、乾燥羊奶粉、乾燥牛奶粉。

甜味劑

大多數甜味劑對 Vata 人有好處，但最好避免大量精製糖，喜歡最自然的甜味劑。例如，如果您通常用白糖加入在牛奶中，請嘗試將牛奶倒入攪拌機中，並用少量浸泡的紅棗代替。蜂蜜、糖果、糖蜜是充滿活力的甜味劑，特別有助於抵消 Vata dosha 的寒冷傾向，但也不能過度使用。可嘗試各種選項來解決身體的獨特偏好，通常是有幫助的。

適合的甜味劑：麥芽、紅棗糖、果糖、果汁濃縮液、蜂蜜（原料）、巧克力、楓糖漿（適量）、糖蜜、稻穀糖漿、蔗糖。

應避免或最小量攝取的甜味劑：人造甜味劑、白砂糖、蜂蜜（加熱或煮熟）。

建議 Vata 體質的人，味道與食物的比率分配如下：
＊在飲食味道的分配：酸味食物佔 30％，甜味食物佔 30％，苦味食物佔 5％，辣味食物佔 5％，鹹味食物佔 25％，澀味食物佔 5％。
＊蛋白質、碳水化合物、脂肪的比率：蛋白質 20％，碳水化合物 40％，脂肪佔 40％。
＊食物的比率：蔬菜佔 20％，穀物佔 10％，豆類佔 5％，堅果／種子佔 5％，油品佔 15％，水果佔 10％，乳製品／肉類佔 10％，天然甜味劑佔 5％，水攝入量佔 20％。

Pitta 體質如何飲食？

Pitta dosha 是油性、鋒利、熱性、輕／亮、散布（傳播）、液體，故 Pitta 人通常容易出油，有很好的體型和體態，身體溫度比一般人較高，有衝勁，有熱情，身體容易發炎，尤其是皮膚容易長膿瘡。為了要平息 Pitta 人體內的熱度，食物中需要這些素質，如乾燥、溫和、冷性、接地氣（土元素），穩定和密集的食物，適用於平衡多餘的 Pitta dosha。

Pitta 人需要採取新鮮的食物，若是乾燥的食品也應該烹飪，不適合任何加工的食品，食物屬於冷性、豐盛、充滿活力，些許乾燥和高碳水化合物，透過這些食物，可以減少 Pitta 體內的熱能，防止炎症，平衡 Agni。

攝取土元素中含有甜味的食物，以便吸收液體和油，使其內部平靜，適當的飲食是支持 Pitta 人及平衡 Pitta 人非常有效的方法。

選擇冷性或暖性的食物

選擇食用溫度較低的食物，或具有冷卻能力的食物，並透過使用冷性的香料，來強調涼爽的質量。大多數的香料都會使食物加熱，所以要注意哪些是可以平衡 Pitta 人的香料。

生的食物往往會自然冷卻身體，而且比起藥物更容易幫助身體降溫，所以混合各種各樣的生水果和蔬菜，如蔬果汁是非常適合 Pitta 人的，特別是在較熱的月份（如六月～九月）。另一方面，最好是避免高溫炒的熱菜和油炸物，會使食物的熱度高漲，還有酒精和咖啡因，這些都會增加 Pitta 人的熱量。

選擇密實、地面生長的食物

Pitta 人的質量為輕，雖然與重是對立的，但是阿育吠陀教導我們，非常重的食物（如油炸物）通常會壓倒消化火，且不支持健康的原則。因此要考慮到 Pitta 的明亮與熱，食物應提供堅實、穩定的能量來源，維持足夠的營養給身體。

一般來說，這些食物是自然的甜味，大多數穀物、牛奶、根類蔬菜、種子和冷性油是很好的，但是 Pitta 人往往會有一個尖銳的特質，有時候會胃口不好，同樣重要的，是不要放縱飲食，高加工食品如罐頭食品、速成食品和糕

點往往缺乏能量，而且過重，應該避免。

選擇乾燥和濃稠的食物

Pitta 的液體性質和多油的質量，在食物的傾向上，應是乾燥或收斂的澀味，如豆、馬鈴薯、甜薯、藜麥、燕麥、義大利麵、和大多數蔬菜非常合適。烹飪時，請使用適量的優質油或酥油，應該減少或者避免特別的熱性油。

若要選擇一種餐，含有大量液體的湯鍋餐或米飯加上蔬菜的餐點，那 Pitta 人應該選擇後者。例如在蒸過的蔬菜上烘烤豆腐，而不是豆腐味噌湯，或者選擇乾麵而非湯麵。

選擇溫和非尖銳的食物

像酸鳳梨、泡菜、醋、陳年乳酪、麻辣鍋、和刺激食品如咖啡因、尼古丁、酒精，都屬於尖銳的食物，對於 Pitta 人來說，太尖銳和容易滲透的食物，應更換成溫和的食品。

適合攝取甜味、苦味和澀味

Pitta 人可以從甜味、苦味和澀味得到滋養，而酸味、鹹味和辣味會加重 Pitta dosha。理解這些食物的味道，使我們能夠更好的選擇安撫 Pitta 人的飲食。

Pitta 人適合自然甜美的食物，如甜水果、大多數穀物、南瓜、根類蔬菜、牛奶、酥油、新鮮的酸奶。甜的味道是冷性和沉重，但也消炎。

平涼又解渴的甜味食物，有利於 Pitta 的皮膚和頭髮，傾向於由地面生長的食物，具有滋養及強力建構的能量。強調甜味來自於食物本身，而非精製糖或含糖甜食，自然甜味的食物是最好的。

苦味異常冷性也乾燥，可清潔血管，提高味覺。他們調整皮膚和肌肉，有益於血液，緩解灼熱感和搔癢的感覺，滿足口渴，平衡胃口，支持消化，並幫助吸收水分、汗水和多餘的 Pitta dosha 熱能。

苦味主要來自於綠色蔬菜，如羽衣甘藍、綠色蒲公英、桂冠葉、苦瓜、耶路撒朝鮮薊、黑巧克力，和安撫 Pitta dosha 的香料，如孜然、楝葉、番紅花和薑黃。

澀味是一種乾燥的味道，乾澀的白堊味，乾燥的嘴巴，可能導致口中有苦澀味。Pitta 人受益於澀味的壓縮、吸收、聯合促進的性質。它可以抑制 Pitta dosha 的傳播傾向，調節身體組織，預防出血障礙，阻止腹瀉，吸收多餘的汗水，並利用體內的其他液體。

大多數的豆類，像小豆、黑眼豌豆、豌豆、芸豆、扁豆、大豆等，在味道上經常是澀味。一些水果、蔬菜、穀物、烘焙食品和香料也是澀味，如蘋果、蔓越莓、石榴、朝鮮薊、西蘭花、花椰菜、萵苣、爆米花、米糕、餅乾、羅勒、香菜、蒔蘿、茴香、歐芹、薑黃。

應避免或少攝取的味道

避免辣味，辣椒、蘿蔔、生洋蔥和許多特別是加熱香料的辣味。辣味是特別的熱和光，這兩種質量會干擾 Pitta 的品質。太辣的味道會引起過度的口渴、灼熱的感覺、出血、頭暈和炎症（特別是在腸道中）。

避免酸味，盡可能的完全減少醋、硬乳酪、酸奶油、綠葡萄、鳳梨、葡萄柚、酒精，發酵食品等酸性食物（偶爾的啤酒或白葡萄酒

是可以的）。Pitta 人會因酸味的熱、輕、油性質而加劇 Pitta dosha。酸味太多會增加口渴，打擾血液，在肌肉中產生熱量，造成傷口發炎，並引起喉嚨、胸部或心臟的灼熱感，甚至可能會產生嫉妒感。

避免鹹味，鹽質量是輕、熱和油性，加劇了 Pitta dosha。鹹味可能會擾亂血液的平衡，阻礙感官、器官，增加熱量，加重皮膚，加劇炎症，導致組織破裂，或引起保水、高血壓、腸道炎症、腹水、灰白色毛髮、皺紋、口渴等症狀。它也會強化我們對更強烈口味的渴望，這可能會進一步刺激 Pitta 人。

具體可以安撫 Pitta 體質的食物

當談到如何安撫 Pitta 人時，吃什麼是非常重要的。由於大多數 Pitta 人都知道，Pitta 的胃口較大，可能會導致一般的不耐餓。因此，Pitta 人必須堅持定期吃飯，每天至少吃三頓飯。每天在一致的時間進食，有助於平衡 Pitta 人的過度消化，在平和的環境中吃飯也是非常重要的，並且要充分注意營養使你的身體滿意，當身體滿足了，就可以防止暴飲暴食或過量的食物。

辛辣的食物、極酸的食物和過度鹽漬的食物特別誘人，雖然我們不可能避免所有誘人的食物，但是必須確保少量食用這些食物。若要減少這些食物的有害潛力，可在食物中加入冷性草藥和香料，如香菜、孜然、茴香、薄荷等。

如果 Pitta 人覺得需要做一個身體淨化，選擇一個短期的時間，三至五日以水果、蔬菜或蔬果汁裹腹，可以快速的淨化血液，清除毒素。

香料

大多數香料都是天然熱性的，因此有可能加劇 Pitta dosha。適合的香料只是溫和的熱性，有助於平衡 Pitta 人的消化。在某些情況下，需要積極的使用冷性香料，平息 Pitta 人的熱量，如孜然、香菜、茴香和薄荷的冷性質量有助於 Pitta 人。有時候，這些香料可以用於太熱性的食物中，以便於降溫食物，使 Pitta dosha 可以接受，如小茴香、番紅花和薑黃，雖然是平暖性，但也提供一些特別有價值的屬性可安撫 Pitta 人。

適合的香料：羅勒（新鮮）、黑胡椒（少量）、荳蔻、肉桂（少量）、香菜（種子或粉末）、孜然（種子或粉）、蒔蘿、茴香、薑（新鮮）、綠薄荷、印度楝葉、橙皮、薄荷、番紅花、龍蒿、薑黃、香草、冬青、咖哩葉。

應避免或最小量攝取的香料：阿灣、多香果、八角、羅勒（乾）、香菜籽、辣椒、桂冠葉、丁香、胡蘆巴、大蒜、薑（乾燥）、阿魏、馬鬱蘭、芥菜籽、肉荳蔻、牛至、長辣椒、罌粟種子、迷迭香、鼠尾草、鹽、鹹味、百里香、肉桂。

水果類

安撫 Pitta 人的水果通常是甜的，有些澀味，乾果通常也是可以接受的，但最好是少量，以免進一步加速 Pitta 人的快速消化。要避免那些特別熱性或酸味的水果，如橘子、蔓越莓和綠色葡萄。不同的水果品種，也會產生平撫或加劇的效果，對於 Pitta 人而言，甜味的水果可以平息內部的火，酸味的水果則會加

劇 Pitta dosha，所以學習品嚐水果、區分味道，是很重要的。

水果和果汁最好在飯前 30 分鐘至 1 小時前，或者在飯後至少 1 小時後食用，有助於消化；千萬別在餐後馬上服用水果或果汁，這反而會產生發酵，而產生多餘的氣體。

適合的水果：所有含甜味的水果，蘋果（甜）、蘋果醬、杏子（甜）、漿果（甜）、櫻桃（甜）、椰子、紅棗、無花果、葡萄（紅、紫、黑）、芒果（成熟）、甜瓜、橘子（甜）、木瓜（適中）、梨、鳳梨（甜）、李子（甜）、石榴、梅乾、葡萄乾、草莓（適中）、西瓜。

應避免或最小量攝取的水果：所有含酸味的水果，蘋果（酸）、杏子（酸）、香蕉、漿果（酸）、櫻桃（酸）、蔓越莓、葡萄柚、葡萄（綠色）、奇異果、檸檬、芒果（綠色）、橘子（酸）、桃子、柿子、鳳梨（酸）、李子（酸）、羅望子。

蔬菜類

安撫 Pitta 人的蔬菜通常會有點甜，也有苦或澀，或兩者兼而有之，所以嘗試多樣化的蔬菜是安撫 Pitta 人飲食的好方法。

通常 Pitta 消化生蔬菜的能力比 Vata 和 Kapha 好，但是中午通常是消化達到頂峰的最佳時間，因此要消化像生菜沙拉這樣的粗糙蔬菜是最佳的時間，但是中午時間乃是 Pitta

（火）的能量，故像是特別辣、熱性、尖銳（鋒利）或酸味的食物應避免在中午食用，如大蒜、綠辣椒、蘿蔔、洋蔥、芥末。

適合的蔬菜：含甜味及苦味的食物最適合，朝鮮薊、蘆筍、甜菜根（煮熟）、苦瓜、綠花椰、橄欖菜、高麗菜、胡蘿蔔（煮熟）、白花菜、芹菜、香菜、黃瓜、蒲公英葉、綠豆、耶路撒冷朝鮮薊、羽衣甘藍、綠葉蔬菜、韭菜（煮熟）、生菜、蘑菇、秋葵、黑色橄欖、洋蔥（煮熟）、歐洲防風草、豌豆、馬鈴薯（甜味、白色）、仙人球葉、南瓜、西葫蘆、芋頭、豆芽菜、菠菜（生食）、紅薯、小麥草、夏南

瓜等。

應避免或最小量攝取的蔬菜：一般來說，含辣味的食物應避免如甜菜葉、牛蒡根、玉米、白蘿蔔／紅蘿蔔生吃、茄子、大蒜、青椒、辣根、韭菜生吃、芥菜、綠色橄欖、洋蔥生吃、辣椒、仙人球、大頭菜蘿蔔、菠菜（煮熟）、蕃茄生吃、紅頭蘿蔔根及葉。

豆類

通常澀味的豆類可以安撫 Pitta 人，所以可隨意享受各種各樣的豆類。那些特別酸或油性的豆類不適合 Pitta 人，不巧 Pitta 人又剛好熱愛豆類。

適合的豆類：紅豆、黑豆、黑眼豌豆、鷹嘴豆、棕色和紅色扁豆、利馬豆、綠豆、綠豆仁、黃豆、新鮮的帶莢豌豆、分裂豌豆、海軍豆、斑豆、黃豆麵粉、豆漿、豆腐、白豆。

應避免或最小量攝取的豆類：味噌、黃豆仁、含黃豆所製作的香腸、醬油、黑豆仁。

堅果和種子

堅果和種子傾向非常油膩，通常是熱性的，所以大多數人並不是絕對平衡的。也就是說，有幾種類型的堅果和幾種少量接地性的種子，這些品種往往不那麼油膩，而且是溫和的熱或冷性。

適合的堅果：浸泡過且去皮的杏仁、印度堅果、椰子、亞麻種子、酥糖、無鹽爆米花、葵花籽、蓮子等。

應避免或最小量攝取的堅果：帶皮杏仁、巴西堅果、腰果、榛果、澳洲堅果、花生、胡桃、松子、開心果、芝麻籽、芝麻醬、核桃、南瓜子等。

油品

適量的油，只要它是冷性，對於 Pitta 人都好。要注意毒素往往集中在脂肪中，因此購買有機油可能比購買有機水果和蔬菜更為重要。

適合的油類：椰子油、酥油、橄欖油、向日葵油、大豆油。

應避免或最小量使用的油類：杏仁油（熱）、玉米油（辣、熱）、紅花油（辣、熱、輕）、芝麻油（熱）、花生油（熱）。

穀物

能安撫 Pitta 人的穀物應是冷性、甜味、乾燥和接地性（從地面生長的）。穀物在我們的飲食中往往是主食，總體來說，Pitta 受益於它們甜味、滋潤的性質，也許你還會注意到許多有利於 Pitta 的穀物相當乾燥，這有助於抵消 Pitta 的油性。當談到平衡 Pitta，避免熱性的穀物，如蕎麥、玉米、小米、糙米和酵母麵包，是最重要的選擇方向。

適合的穀物：大麥、乾燥穀物、庫斯庫斯、餅乾、達勒姆麵粉、格蘭諾拉麥片、燕麥麩、燕麥煮熟、薄煎餅、義大利麵、藜麥、米（印度 basmati 米、白米、野生米）、米糕、發芽的小麥麵包、木薯、小麥、小麥麩。

應避免或最小量攝取的穀物：蕎麥、玉米、小米、玉米粥、棕色米、黑麥、烤麵包。

肉和雞蛋

Pitta 人最適合甜味的動物食品比較乾燥

（如兔子或鹿肉），而且是溫和的熱性或冷性。那些不工作的肉類特別的油，是鹹或熱性的東西，如黑骨雞、牛肉、鮭魚、金槍魚。

適合的肉類與蛋：水牛肉、白肉雞、蛋白、淡水魚、兔子、蝦（適量）、鹿肉。

應避免或最小量攝取的肉類與蛋：牛肉、黑骨雞、鴨、蛋黃、海水魚、羊肉、豬肉、三文魚、沙丁魚、海鮮、金槍魚、鮪魚。

乳製品

乳製品往往是接地性、滋養和冷性，所以很多都可以平衡 Pitta 人。

要避免的是特別酸、鹹或熱性，通常在任何其他食物之前或之後，應至少服用一次牛奶、山羊奶或羊奶等）。

適合的乳製品：無鹽奶油、乳酪（軟質、無鹽、不老化）、乾酪、牛奶、酥油、山羊奶、軟質且無鹽的山羊奶酪、冰淇淋、剛做好且稀釋的優格。

應避免或最小量攝取的乳製品：含鹽奶油、硬質乳酪、冰凍優格、酸奶油。

甜味劑

由於甜味是舒緩 Pitta 人的主要味道，所以大多數甜味劑對於 Pitta 都受用，唯有少數熱或加工成品應減少。一般來說，天然甜味比含糖甜味更加平衡 Pitta 人，因此即使合適的甜味劑，但是由加工產生的，也應少量使用。

適合的甜味劑：麥芽、紅棗糖、果糖、果汁濃縮液、楓糖漿、稻穀糖漿、蔗糖。

應避免或最小量使用的甜味劑：蜂蜜、巧克力、白砂糖、蔗糖、爛粽糖 (Jaggery)。

建議 Pitta 體質的人，味道和食物的比率分配如下：
＊飲食味道的分配：酸味食物佔 5%，甜味食物佔 25%，苦味食物佔 30%，辣味食物佔 10%（夏季要更少量），鹹味食物佔 5%，澀味食物佔 25%。
＊蛋白質、碳水化合物、脂肪的比率：蛋白質 30%，碳水化合物 50%，脂肪佔 20%。
＊食物的比率：蔬菜佔 20%，穀物佔 10%，豆類佔 15%，堅果／種子佔 5%，油品佔 5%，水果佔 15%，乳製品／肉類佔 10%，天然甜味劑佔 5%，水攝入量佔 15%。

Kapha 體質如何飲食？

　　Kapha dosha 是重、冷性、油和光滑，所以吃中性品質的食物，如輕、溫暖、乾燥和粗糙的食物，可以幫助平衡多餘的 Kapha dosha。

　　Kapha 人需要透過新鮮食物的烹調，選擇輕質量、乾燥、暖性、暖性香料和相對容易消化的食物來保持平衡，食物必須是溫暖或熱的。透過這些食物來平衡體內的體液，減少黏液的產生，調節水分的含量，以及足夠的熱量，同時具有適當的消化力，來舒緩平靜的 Kapka dosha。

　　Kapha dosha 的質量是實質的，採取適當的飲食，例如一份簡單的、較少份量的餐點，幾乎沒有零食，少量的糖果，豐富新鮮的水果和蔬菜，各種豆類，沒有酒精，以及平靜的飲食空間，這些對於 Kapha 人都是很重要的。下列有些飲食建議，提供給 Kapha 人有更多的參考。

選擇質量輕的食物

　　選擇質地輕（有亮度）的食物可以減輕沈重的對立，可以從食物的重量和密度來判斷亮度，蔬菜和水果通常都是有奇妙的亮度。最好是煮熟了吃，在冬季也建議將水果稍微蒸過才吃，在夏天偶爾可以吃些生菜沙拉。

　　一般對於 Kapha 人來說，太重的食物包括奶酪、布丁、堅果、蛋糕、餡餅、小麥、大多數麵粉類、麵包、義大利麵，紅肉和油炸食品也過度油膩。

　　通常 Kapha 人較為靜態，也經常坐著，不愛運動，胃口特好，經常會吃太多，也導致過度沉重，所以重要的是：不要過量飲食。一個好的經驗法則，是將食物填滿 1/3 的胃，液體填入 1/3 的胃，留下 1/3 空的胃，以保持最佳的消化。

　　非常重的飯菜和高度加工的食品也傾向於加重 Kapha 人的沉重，最好避免。

選擇溫暖的食物

　　食物透過烹煮或加了暖性的香料，通常可以加強溫暖的質量，熟食提供更熱的能量，通常是更容易消化，尤其在冬天，全面性的熟食是必須的。Kapha 人最好只喝室溫、溫熱或熱的飲料，經常全天的熱水啜飲是更好。

　　另一方面，最好避免食物有冷卻能量，冷和冷凍的食物或飲料、碳酸飲料，甚至保存在冰箱的剩菜，這些食物的冷質量在本質上增加了 Kapha dosha，即使它們被重新加熱，冷的質量還是存在。甜味的水果都是冷的，Kapha 人應選擇熱性的水果，例如酸鳳梨。

選擇乾燥的食物

　　異常乾燥的食物可以抵消 Kapha dosha 的油性，如豆、白馬鈴薯、乾果、米糕、爆米花。烹飪時，重要的是使用最小量的油，必要時用水替代油以防止黏附。油性食物如酪梨、椰子、橄欖、乳酪、雞蛋、牛奶、小麥、堅果和種子，也應該減少或避免攝取。

　　此外，因為 Kapha 人容易保留水分在體內，最好不要過度飲水，根據氣候和活動水平，只喝你身體需要的液體量。此外，避免特別潮溼的食物，如甜瓜、筍瓜、西葫蘆和酸奶，

因為這些會使 Kapha dosha 劇增。

選擇粗糙的食物有利於平滑

水果和蔬菜有時被稱為粗飼料，它們的纖維結構使它們具有非常粗糙的質量，這就是為什麼 Kapha 人喜歡吃大量的新鮮水果和蔬菜。這些食物煮熟時通常更容易消化，所以小心不要過度生食，並要以季節作為使用指南。一些食物，如白菜花、捲心菜、花椰菜、綠葉蔬菜和許多豆類是非常粗糙的，因此剛好可以抵消 Kapha dosha 的光滑、油性；相反，吃質地光滑的食物，如香蕉、布丁、熱穀物、牛奶、乳酪、酪梨等，會迅速加劇 Kapha dosha。

適合攝取辣味、苦味和澀味

Kapha dosha 被辣、苦和澀的味道所平息，同時被甜味、酸味和鹹味的味道所加重。理解這些味道，使我們能更好的選擇一個安撫 Kapha 人的飲食。阿育吠陀教導我們，每人每天都需要攝取六種味道，六種味道中有多量攝取與少量攝取，可依據個人的體質屬性。

辣的味道是輕、熱、粗糙、乾燥，相當有益於 Kapha dosha。辣味可清潔口腔，澄清感官，刺激消化，液化分泌物，清除身體的通道，鼓勵出汗，並減少血液結塊。熱辣的味道，如辣椒、蘿蔔、生洋蔥和大多數的香料，大多數香料可以十分良好的安撫 Kapha 人。在本質上，如果你喜歡辣或火熱，就吃吧！即使你不喜歡，仍可在菜餚上加一些荳蔻、丁香、肉桂、小茴香、薑、大蒜、辣椒粉或薑黃等溫和的香料。

苦味是粗糙、乾燥、輕，有益於 Kapha dosha；但它也是冷性，所以必須添加一些溫暖的香料到苦味的食物裡。苦味清潔血液並改善味覺，調和皮膚和肌肉，改善食慾，支持消化，並有助於吸收水分，對淋巴、肌肉、脂肪和汗水有益。苦味主要的食物是綠色蔬菜（如羽衣甘藍、綠蒲公英、劍蘭等），也存在於其他食物，如苦瓜、菊芋、牛蒡根、茄子和黑巧克力。

澀味是乾燥的、粗糙的、有點輕，它減少 Kapha dosha；但是澀味也很冷性，最好添加溫暖的草藥和香料在澀味的食物裡。由於澀味有收斂、壓縮和吸收的性質，所以非常有益於 Kapha dosha，有助於調整身體組織和利用有益的液體，很適合 Kapha 人。澀味道基本上是一種乾燥的味道，可以乾燥口腔。豆類在味道上是經典的澀味，如小豆、黑眼豌豆、斑豆、大豆等。有一些水果、蔬菜、穀物和烘焙食品也是澀味道，像蘋果、蔓越莓、石榴、朝鮮薊、白菜花、花椰菜、萵苣、黑麥、米糕和餅乾等。

應避免或少攝取的味道

甜的味道是冷性的、重的、潮溼的、油性的，非常加重 Kapha dosha，盡可能減少精製糖和含糖甜食的攝入。如果到印度的阿育吠陀中心做減重計畫，醫生第一個杜絕的食品，就是甜味食品，尤其是精製糖和糖甜食。此外，減少對自然甜食如水果、穀物、根菜類、牛奶、酥油、酸奶、雞蛋、堅果、種子、油類、蝦，以及肉類的依賴。甜的食物往往會加重 Kapha 人的沉重感，肥胖、嗜睡和過度睡眠的傾向。它們還會引起過多的黏液，加重感冒和咳嗽，並以不健康的方式抑制食慾。

酸味的潤溼和油性品質將會加重 Kapha dosha，過多的酸味食物會產生口渴，在眼中產生沉重感，引起身體鬆弛，並加重保留水分在體內或身體與關節腫脹。攝取最小量酸性食物，如醋、乳酪、酸奶油、綠葡萄、橙子、菠蘿和葡萄柚，偶爾擠檸檬或酸橙汁或蕃茄，是 Kapha 人攝取酸味的最好方法。

鹹味幾乎單獨來源於鹽本身，鹽的溼潤和油性會加重 Kapha dosha。鹹味會引起水分滯留、高血壓、腸道炎症、腹水、灰白的頭髮、皺紋、過度口渴，並且會阻礙感覺器官。此外，它傾向於激發對更強烈味道的渴望，並且會觸發貪婪情緒與慾望。

具體可以安撫 Kapha 體質的食物

當們談到安撫 Kapha 人時，如何飲食是相對非常重要的。Kapha 人每天吃三餐，有時吃二餐也行，最好在固定的時間吃飯，晚餐不宜超過七點。Kapha 人的消化速度緩慢，香料成了最好的輔助品，可以將香料加在飯上一起食用。

香料

大多數香料對於 Kapha 人是美好的，所以請隨意嘗試各種各樣新的和異國情調的香料。即使這些不適合你，各種溫和的香料將有助於加強消化系統，並可以提高整體新陳代謝。特別像洋蔥、大蒜、薑、黑胡椒、辣椒，辣椒的辛辣和消化品質有益於 Kapha 人。

適合的香料：阿灣、多香果、八角、羅勒、黑胡椒、香芹籽、綠荳蔻、辣椒、肉桂、丁香、香菜（種子或粉末）、孜然（種子或粉）、蒔蘿、茴香、胡蘆巴、大蒜、黑胡椒、薑（新鮮或乾燥）、阿魏、綠薄荷、芥菜籽、肉荳蔻、牛至、長胡椒、罌粟種子、迷迭香、藏紅花、龍蒿、百里香、薑黃、香草、冬青、鼠尾草。

應避免或最小量使用的香料：鹽、醃菜類。

水果類

適合 Kapha 人的水果通常會有點澀味，只有輕微的甜。有時候，乾果是可以接受的，但應該只享受小量，因為乾果是如此密集和厚實而集中。應避免那些特別甜或酸的水果，如橙子或葡萄，以及任何特別重、濃密或多汁的水果，如香蕉、椰子、棗、甜瓜、菠蘿或李子。請記住，水果和果汁最好是選擇單獨的時段享用，即是同時間內沒有其他的食物，在飯前三十分鐘至一小時，或飯後至少一小時，有助於確保最佳消化。

適合的水果：所有含澀味的水果，如蘋果、蘋果醬、杏子、漿果、櫻桃、蔓越莓、檸檬（少量）、桃子、梨、柿子、石榴、梅乾、葡萄乾、草莓（適量）、熟芒果（適量）。

應避免或最小量攝取的水果：含甜味及酸味的水果，如熟香蕉、哈密瓜、椰子、紅棗、葡萄柚、奇異果、甜瓜、橘子、木瓜、鳳梨、李子、大黃、西瓜、酪梨、綠芒果，所有類別的葡萄僅適量使用。

蔬菜類

能安撫 Kapha 人的蔬菜通常會有些辣味、苦味和澀味，蔬菜包括了這些味道，因此蔬菜飲食是平衡 Kapha 人的重要核心。煮熟的蔬菜通常比生的蔬菜更容易消化，若想要吃生

菜，最好是在消化能力達到頂峰值時食用生菜，中午可以吃少量生蔬菜、沙拉和葉子蔬菜，生菜通常更適合在春季和夏季食用。

Kapha 人應減少或避免的蔬菜是那些特別重、濃稠、油性或水樣的蔬菜，如酪梨、黃瓜、橄欖等。

適合的蔬菜：朝鮮薊、蘆筍、甜菜葉、甜菜根（煮熟）、苦瓜、花椰菜、布魯塞爾豆芽、牛蒡根、高麗菜、紅蘿蔔、白花菜、芹菜、辣椒、胡荽葉、玉米、白蘿蔔、蒲公英葉、茄子、大蒜、綠豆、辣根、青椒、耶路撒冷朝鮮薊、羽衣甘藍、綠葉蔬菜、韭菜、生菜、綠色芥末、蘑菇、秋葵、洋蔥、豌豆、黑胡椒、白馬鈴薯、意粉南瓜、菠菜、豆芽、壁球（冬天）、蕃茄（煮熟）、紅頭蘿蔔、水田菜、小麥草。

應避免或最小量攝取的蔬菜：應避免甜味及多汁的蔬菜，如鱷梨、黃瓜、橄欖（不論綠或黑色）、歐洲防風草、西葫蘆（夏天）、甜紅薯、夏南瓜、芋頭、蕃茄生吃。

豆類

豆類通常是澀味的，這是平衡 Kapha dosha 的味道之一。Kapha 人可以享受各種各樣的豆類，但他們通常應該被烹飪，使他們更容易消化，像熱豆腐和溫暖的豆漿是可以接受的。唯一不為 Kapha 人接受的豆子，是太重或太油的豆類，不能達到平衡 Kapha dosha 的功效。

適合的豆類：紅豆、黑豆、黑眼豌豆、棕或紅扁豆、利馬豆／皇帝豆、綠豆、綠豆仁、海軍豆／白腰豆、斑豆、豆漿、熱豆腐、白豆、黃豆仁、含黃豆所製的香腸、乾燥豌豆、新鮮的帶莢豌豆。

應避免或最小量攝取的豆類：大紅芸豆、味噌、黃豆、黃豆乳酪、黃豆粉、醬油、冷豆腐。

堅果和種子

堅果和種子往往是沈重、密集、油性，通

常不能平衡 Kapha dosha，但是有少量類型的堅果和種子可接受小量的攝取。當我們試圖要平衡 Kapha dosha 時，堅果和種子最好偶爾才享用。

適合的堅果和種子：印度堅果、亞麻子、無鹽無黃油的爆米花、南瓜子、葵花子、帶皮的杏仁。

應避免或最小量攝取的堅果和種子：浸泡過和去皮的杏仁、巴西堅果、腰果、核桃、榛果、花生、松子、開心果、核桃、芝麻籽、芝麻醬。

油品

大多數的油品都有點重和油膩，基本上是會加重 Kapha dosha，但是少量質量好的油是可以使用的。因為毒素傾向集中在脂肪，購買有機油可能比購買有機水果和蔬菜更重要。當試圖平衡 Kapha dosha 人時，你可以考慮水煮食物而不是用高溫熱油來炒食物，應減少對油的依賴。

對於需要一定量油的那些食物，用於 Kapha 人最好的油是玉米油、向日葵油或酥油。

適合的油品：玉米油、印度酥油（適量）、向日葵油、芝麻油（可適量外用）。

應避免或最小量使用的油品：酪梨油（重、甜）、椰子油（甜、冷、重、油膩）、橄欖油（甜、冷、易長脂肪團）、紅花油（甜、油膩）、芝麻油（重、甜、強潤滑）、大豆油（重、冷）、杏仁油（甜、重）、葡萄籽油（酸、甜、光滑）。

＊若想用 Ghee(酥油) 做料理，建議改用 Ghrutham(草本酥油)，尤其是 Triphala Ghrutham 最能健胃整腸，幫助消化。

穀物

能安撫 Kapha 的穀物是輕、乾燥和粗糙的。大多數穀物都有點重和營養，但是要平衡 Kapha 人時，這些重質量的穀物，只能少量的攝取。應避免非常重、潮溼和密實的穀物，如小麥、麵粉、麵包、熟燕麥和麵食，盡可能選擇少量的適當穀物。膳食後若需要額外補充食物，選擇蔬菜或豆類能更佳的平衡 Kapha dosha。

適合的穀物：蕎麥、穀物片（冷、乾燥、膨化）、玉米、硬粗麥粉、庫斯庫斯、餅乾、格蘭諾拉麥片、小米、麥片、燕麥麩皮、乾燥燕麥、玉米粥、藜麥（適中）、野生米（適中）、黑麥、發芽的小麥麵包、木薯、小麥麩等。

應避免或最小量攝取的穀物：酵母麵包、燕麥煮過、煎餅、義大利麵、棕色、白米、年糕、小麥。

＊小麥雖然會輕輕的加重 Kapha dosha，但因有瀉藥的功能，相較之下，還是比白米適合想要減重的人。

肉和雞蛋

Kapha 人最好使用輕、乾燥的動物食物，如雞肉或淡水魚；而不是重、油或特別稠密的動物食物，如牛肉、豬肉或鴨肉。少吃肉一般都是有益的，事實上，Kapha 人是很適合吃素食、做瑜伽和冥想的。

適合的肉類與蛋：白雞肉、蛋白、淡水魚、

兔子、蝦、鹿肉。

應避免或最小量攝取的肉類：牛肉、水牛、黑骨雞、鴨、海水魚、羊肉、豬肉、三文魚、沙丁魚、海鮮、金槍魚、鮪魚。

乳製品

當嘗試減少 Kapha dosha 時，乳製品應被最小量的使用，因為它們傾向於重、油膩，並且會增加產生黏液。

通常，牛奶應該在攝取任何食物之前或之後至少一小時飲用，理想情況下，牛奶煮沸後加入薑黃或生薑或其他熱性香料，使其更容易消化和減少阻塞。山羊奶和山羊奶製品是 Kapha 人的最佳選擇，因為它們更輕。杏仁和米奶是很好的替代品。

適合的乳製品：酪奶、脫脂山羊奶、印度酥油（適中）、無鹽且不老化的山羊乳酪、新鮮且稀釋的優格。

應避免或最小量攝取的乳製品：奶油、起司、牛奶、冰凍優格、冰淇淋、酸奶油、優格。

甜味劑

甜味會加重 Kapha dosha，最好避免大多數甜味劑。蜂蜜是一個例外，因蜂蜜是乾燥、輕和熱性，可以小量使用，蜂蜜還能從組織中刮去毒素和脂肪，因此它在多個層面上有利於 Kapha 人；然而，蜂蜜加熱或用於烹飪，將會產生毒素，因此只應使用原味蜂蜜。含有精製糖或玉米糖漿的食品和飲料是特別有害的，應盡可能避免。

適合的甜味劑：果汁濃縮液、蜂蜜（未加工）。

應避免或最小量使用的甜味劑：人造甜味劑、麥芽、紅棗糖、果糖蜂蜜（煮熟、加熱或加工）、巧克力、楓糖漿、糖蜜、稻穀糖漿、蔗糖、白砂糖、黑紅糖。

Kapha 體質的人，味道與食物的比率分配如下：

＊飲食味道的分配：酸味食物佔 5%，甜味食物佔 5%，苦味食物佔 25%，辣味食物佔 35%，鹹味食物佔 5%，澀味食物佔 25%。

＊蛋白質、碳水化合物、脂肪的比率：蛋白質 40%，碳水化合物 30%，脂肪佔 30%。

＊食物的比率：蔬菜佔 38%，穀物佔 15%，豆類佔 15%，堅果／種子佔 5%，油品佔 5%，水果佔 5%，乳製品／肉類佔 5%，天然甜味劑佔 2%，水攝入量佔 10%。

混和性體質如何飲食？

Vata-Pitta 體質如何飲食？

首要 Dosha 為 Vata dosha，除了參考「Vata 體質如何飲食」以外，也需要考量次要的 Pitta dosha，因此在「食物體質」單元中，可選擇降低 Vata dosha 和降低 Pitta dosha 的食物，作為日常選擇食材時的依據考量。

在夏季，六月至九月是非常炎熱的，大氣層的 Pitta dosha 不斷提升，因此，雖為次要的 Pitta dosha，有可能會劇增為首要的 Dosha；同時，溫暖的天氣會降低 Vata dosha 的冷度，所以在飲食的考量上，要選擇降低 Pitta dosha 的食物，避免因 Pitta dosha 過盛，而產生疾病。

Pitta-Vata 體質如何飲食？

首要 Dosha 為 Pitta dosha，除了參考「Pitta 體質如何飲食」之外，也需要考量次要的 Vata dosha，因此在「食物體質」單元中，可選擇降低 Pitta dosha 和降低 Vata dosha 的食物，作為日常選擇食材的依據考量。

在秋季，大環境是 Vata dosha 劇增的季節，雖為次要的 Vata Dosha，在此時乾燥與風也有可能使其劇增為首要 Dosha；又因為天氣漸漸涼爽，使得躁熱的 Pitta dosha 慢慢安靜下來，因此在飲食的調整和食材的選擇上，也要參考「Vata 體質如何飲食」和選擇降低 Vata dosha 的食物，避免因 Pitta dosha 來不及降溫，而 Vata dosha 又急速劇增，所產生的疾病。

Vata-Pitta 和 Pitta-Vata 人

除了飲食建議之外，這裡給這兩族群的人一些其他的建議。照常理來說，Pitta dosha 的消化能力是較好、較為平穩的，但是混合了極高的 Vata dosha，經常在用餐期間會有過多的話語，以及吃食的速度過快，因此也常有消化不良、脹氣的狀態。在飲食上建議多攝取甜味的食物，如煮過的洋蔥、甜椒、紅甜薯，也可以多攝取土元素接地氣的食物，如馬鈴薯、甜菜梗、菜心梗等，還可以攝取適量的肉類和魚類。切記勿過度食用辣味。

建議 Vata-Pitta 和 Pitta-Vata 體質的人，味道與食物的比率分配如下：
＊飲食味道的分配：酸味食物佔 18%，甜味食物佔 32%，苦味食物佔 15%，辣味食物佔 7%（夏季要更少一些），鹹味食物佔 16%，澀味食物佔 12%。
＊蛋白質、碳水化合物、脂肪的比率：蛋白質 25%，碳水化合物 45%，脂肪佔 30%。
＊食物的比率：蔬菜佔 20%（夏季可增加一些），穀物佔 10%，豆類佔 15%，堅果／種子佔 5%，油品佔 7%，水果佔 8%（在夏季可以更多一些），乳製品／肉類佔 10%，天然甜味劑佔 7%，水攝入量佔 18%。

Pitta-Kapha 體質如何飲食？

首要的 Dosha 為 Pitta dosha，除了參考「Pitta 人如何飲食」之外，也應考慮次要的 Kapha dosha，因此在「食物體質」單元中可以選擇降低 Pitta 和 Kapha dosha 的食物，作為日常購買食材的依據。

在冬季，除了寒冷也會帶來雨水，大氣層散發出濃濃的潮溼氛圍，是為 Kapha dosha 屬性。

在這期間 Kapha dosha 雖然是次要的 Dosha，但因大環境為 Kapha，因此人體內的 Kapha dosha 亦會高漲；又此時為寒冷氣候，體內的 Pitta dosha 也漸漸平靜下來。因此，此時的 Kapha dosha 有可能升為主要的 Dosha，所以整個冬季的飲食計畫，都要參考「Kapha 人如何飲食」，選擇「食物體質」中降低 Kapha dosha 的食材來烹調，可適當的加入一些新鮮薑絲和暖性香料來調和。

切記勿食過酸和過鹹的食物，如泡菜鍋，否則容易會有皮膚搔癢的狀況。煮過的苦澀蔬菜，仍然是最好的選擇。

Kapha-Pitta 體質如何飲食？

首要的 Dosha 為 Kapha dosha，除了依循「Kapha 體質如何飲食」之外，也應考慮到次要的 Pitta dosha，因此在食物的選擇上，可以參考「食物體質」中降低 Kapha 和 Pitta dosha 的食材來烹飪。

在夏季六至八月，大氣層為熱，是 Pitta 屬性，因此體內的 Pitta dosha 提高，可以平衡含水性的 Kapha dosha，但為了避免 Pitta dosha 在短時間竄升過度，可以參考「Pitta 體質如何飲食」和選擇降低 Pitta dosha 的食物。

Pitta-Kapha 和 Kapha-Pitta 人

這是水與火互相融合的體質，如果身體有過多的黏液 (Kapha dosha)，將會平息 Agni(消化腸火)，而產生消化不良和過度殘留未消化的食物，而產生毒素，因此經常會覺得身體到處搔癢，有皮疹，臉上兩頰有膿瘡。在性情上；有時很溫和，有時卻又很暴躁，有時很懶惰，有時又很積極。切記過度的酸味與鹹味，而苦味和澀味的蔬菜，是最佳的選擇。

建議 Pitta-Kapha 和 Kapha-Pitta 體質的人，味道與食物的比率分配如下：
*飲食味道的分配：酸味食物佔 6%，甜味食物佔 12%，苦味食物佔 30%，辣味食物佔 20%（夏季要更少一些），鹹味食物佔 6%，澀味食物佔 26%。
*蛋白質、碳水化合物、脂肪的比率：蛋白質 30%，碳水化合物 40%，脂肪佔 30%。
*食物的比率：蔬菜佔 30%（夏季可增加一些），穀物佔 20%，豆類佔 15%，堅果 / 種子佔 5%，油品佔 5%，水果佔 5%（在夏季可以更多一些），乳製品 / 肉類佔 5%，天然甜味劑佔 5%，水攝入量佔 10%。

Vata-Kapha 和 Kapha-Vata 體質

在邏輯上，二個 Doshas 是對立的，從食物體質中可以看出端倪，降低 Vata dosha 勢必提高 Kapha dosha，而降低了 Kapha 卻又會提高 Vata dosha。這二種 Doshas 的共通性，就是「冷性」，在食物的烹飪上，一定要選擇熟食，香料是這類體質的好朋友。

在味道的選擇上，一定要堅守一天攝取六種味道，各類食物都要攝取，質量粗糙中有光滑，例如山藥炒芹菜，山藥是光滑，芹菜是粗糙。

這類體質的人需要火元素 (Pitta dosha) 的食物，其中包含辣味，但往往他們不吃辣，建議可多食火元素與辣味，不單可以中和身體的冷，也可提高 Agni 幫助消化。

在秋季與冬季（十月至三月）是較辛苦的季節，季風期間增加了乾燥性，而冷天夾帶著雨水，受到潮溼的影響，常會有鼻充血、咳嗽、流鼻涕、打噴嚏，又嘴唇乾裂的情形。到了春天身體狀況會漸漸好轉，夏天對他們是最有利的季節。

這二類體質的人，可以用一句話來形容，那就是「靜若處子，動如脫兔」，龜兔賽跑的故事中的「龜與兔」，就是這樣體質的人，時而快速，時而緩慢，有時很快餓，有時可過餐不食，有時想外出，有時又很宅，基本上都是喜愛享樂。

建議 Vata-Kapha 和 Kapha-Vata 體質的人，味道與食物的比率分配如下：
＊飲食味道的分配：酸味食物佔 15%，甜味食物佔 20%，苦味食物佔 15%，辣味食物佔 20%，鹹味食物佔 15%，澀味食物佔 15%。
＊蛋白質，碳水化合物，脂肪的比率：蛋白質 25%，碳水化合物 40%，脂肪佔 35%。
＊食物的比率：蔬菜佔 35%（夏季可增加一些），穀物佔 20%，豆類佔 10%，堅果／種子佔 5%，油品佔 5%，水果佔 5%（在夏季可以更多一些），乳製品／肉類佔 5%，天然甜味劑佔 5%，水攝入量佔 10%。

Tridoshas 體質如何飲食？

　　三種 Doshas 平均的人，不可偏食，日常各類食物均可平均攝取，唯有遵循每日攝取六種味道即可。

　　還有要注意季節的變換，依據季節更替而選擇食物，這裡給這類體質的人一些建議：在夏季，可從食物體質中，選擇降 Pitta dosha 為主的食材，參考「Pitta 體質如何吃」單元；在秋季，可從食物體質中，選擇降 Vata dosha 為主的食材，參考「Vata 體質如何吃」單元；在冬季，可從食物體質中，選擇降 Kapha dosha 為主的食材，參考「Kapha 體質如何吃」單元。

建議 Tridoshas 體質的人，味道與食物的比率分配如下：
＊飲食味道的分配：酸味食物佔 15%，甜味食物佔 20%，苦味食物佔 20%，辣味食物佔 15%，鹹味食物佔 12%，澀味食物佔 18%。
＊蛋白質、碳水化合物、脂肪的比率：蛋白質 30%，碳水化合物 35%，脂肪佔 35%。
＊食物的比率：蔬菜佔 25%（夏季可增加一些），穀物佔 10%，豆類佔 15%，堅果／種子佔 5%，油品佔 7%，水果佔 8%（在夏季可以更多一些），乳製品／肉類佔 8%，天然甜味劑佔 7%，水攝入量佔 15%。

第五部　飲食規則

腸火 (Agni) 在很大的程度上，決定食物是否被消化，食物搭配也有很大的學問。兩個或兩個以上不同口味相結合的食品，腸火可以成為過度加載抑制酶，導致毒素的產生；但食物如果分別吃，可能刺激 Agni 消化更迅速，甚至有助於燃燒毒素 (Ama)。

不良的結合互不相容的食物，會導致消化不良發酵腐敗和氣體的形成，可能導致有毒血液或產生疾病。例如牛奶和香蕉一起吃，雖然都是甜味，但香蕉為熱性，牛奶為冷性；消化後的味道不同，香蕉是酸味，而牛奶是甜味；其質量牛奶是潤腸、通便、重、黏，而香蕉是重、光滑，如果他們被一起送入腸道中，牛奶的黏液會包覆著香蕉，重重的減低腸火的消化功能，不被消化的食物滯留在腸道中，會發酵而改變腸道菌群產生毒素，並可能導致鼻竇充血、感冒咳嗽和過敏。

不相容的食物被一起食用，不但混亂了我們的消化系統，毒素可能引發過敏和 Doshas 不平衡，從而導致許多不同的疾病。

不相容的食物列表

食物	不相容的組合
豆類	水果、乳酪、雞蛋、牛奶、肉類、酸奶
蛋	水果、冬瓜、豆類、乳酪、魚、牛奶、肉類、酸奶
穀物	水果、木薯
蜂蜜	等量的 Ghee 與熱蜂蜜一起
熱飲料	芒果、乳酪、魚、肉類、澱粉、酸奶
檸檬	黃瓜、牛奶、蕃茄、酸奶
甜瓜	乳製品、雞蛋、油炸食物、穀物、澱粉
牛奶	香蕉、櫻桃、酸味水果、魚、肉類、優格
茄、馬鈴薯、蕃茄	冬瓜、黃瓜、乳製品
蘿蔔	香瓜、牛奶
樹薯粉	水果、香蕉、芒果、豆類、蔗糖
酸奶（優格）	水果、乳酪、蛋、魚、熱飲料、肉類、牛奶

阿育吠陀飲食建議

我們所習慣的「吃到飽」消費飲食模式或是滿漢全席整桌的菜餚,因為種類繁多不利於消化,是非常不健康的。通常在一餐膳食中,總會有幾道菜,我們選擇容易消化的食物種類先吃,以單項目一道菜吃完,再吃第二道菜,依照容易消化的順序,來完成一餐膳食。

· 建議牛奶、水果類和堅果類最好是單獨吃。

· 假如牛奶和瓜類或酸味水果一起,果酸在胃中起了酸度的作用,會將牛奶凝固,因此不被消化,市售的水果牛奶,其實是不消化的。

· 若水果與澱粉一起,水果糖分會迅速被消化,而澱粉需要相當長的一段時間才能被消化,如果被一起吃,糖會被澱粉包覆而不會被消化。

· 為了提高瓜類的消化,可以加入少許荳蔻粉或黑胡椒粉,可以中合瓜類的冷性。

· 不宜在一餐的中途飲用冷飲,或在飯後直接飲用冷飲,因為冷性的它們會降低腸火,妨礙消化。用餐時若能有溫暖的湯或溫開水,將可幫助消化。

· 用餐時應該正確的咀嚼食物,直到食物與唾液充分混合,才能嚥下。

· Vata 和 Pitta 體質的人,可以在一頓飯後喝一杯拉西 (Lasi)。(拉西的做法：4 湯匙酸奶,手捏一撮生薑粉、茴香粉、孜然粉,加上 3/4 杯的水全部混合。)

· 蜂蜜和酥油不可等量比例食用,會產生毒素。蜂蜜不該被煮熟或加熱,包括烘焙用蜂蜜。蜂蜜如果被加熱,分子會成為一個非同質化的膠水,將產生黏膜在渠道,也會產生毒素。熱蜂蜜是毒藥,其不良影響將隨著時間的推移,慢慢顯現。

食物的數量

每人所需要的食物量不同,阿育吠陀建議將胃分為三個假想的隔室,其中一部分應該充滿固體食物;第二部分充滿液體,如湯、水、果汁;而第三部分是空的,是讓空氣或氣體交換的空間。

攝入適當的食量,應有的感覺：

■ 有很輕鬆的感覺,不論是站著、坐著、躺著,在運動、呼吸、笑和說話,都感覺到很輕鬆。

■ 所有的感官都有愉快的感覺。

■ 腹部沒有沈重的感覺。

■ 在腹部側翼沒有疼痛或沈重感。

■ 可輕易使出力量,沒有無力的感覺。

食物量攝入不足時,可能有下列的症狀：

■ 感覺器官損壞。

■ 免疫力降低。

■ 身體的強度降低。

■ Vata dosha 會失衡,產生 Vata 障礙或疾病。

攝入過量的食物,可能會有下列的症狀：

■ 全身酸痛,全身乏力。

■ 腹部絞痛、疼痛,腹脹,腹部有沈重感。

■ 腹瀉或嘔吐。

■ 過度口乾。

■ 昏厥或頭暈。

■ 有硬度的脂肪在腹部。

- 在飯後，有心臟阻塞的感覺。
- 胸部沉重感。
- 呼吸困難。
- 感覺身體沉重。
- 感覺有氣體在胸口或氣體向上。
- 血管痙攣。
- 腹部側翼有刺痛感。

攝入食物的時間

需根據季節、年齡、白天或夜間、疾病階段的時期，而調配適合的飲食。

在夏天，Pitta dosha 佔主導地位。人們可能會採取牛奶、酥油、冷飲和油膩的食物。苦、甘、澀的口味可以採取，應該避免辛辣、熱、鹹、酸味的食物，會加重 Pitta。

在陰天、多風、乾燥的氣候條件下，Vata dosha 佔主導地位，應採取油膩的食物，如酥油、大米、小麥，和甜、酸、鹹口味平衡 Vata。每個人都應該避免辛辣、又苦又澀的口味，寒冷、乾燥的食物。

在冬季、雨季，Kapha 人應多使用溫暖的香料，香料可以吸收多餘的水分，辣味可以幫助腸胃的蠕動，減少油的使用量，少湯，少鹹味，避免過度的儲存水分。

年齡與 Dosha 與飲食

童年是由 Kapha dosha 佔主導地位，所以要避免 Kapha 加重的食物，尤其是 Kapha 小孩。在中年時期，主要由 Pitta dosha 主導，所以要避免會加重 Pitta 的食物，尤其是 Pitta 的中年人。在年老期，Vata dosha 是顯性的，所以要避免會加重 Vata dosha 的食物，尤其是 Vata 的老人。

零歲至十四歲 (Kapha)

血漿組織是食物入口後第一個吸收營養的組織，而該組織的主要功能是「餵養」其他六個組織。由此可見，如果我們給對了食物，血漿組織將會產生健康的血漿；若給予的食物不足或不對，就不會有健康的血漿，不會有強壯的免疫力。血漿組織屬於 Kapha dosha，兒童年齡從零歲至十四歲屬於 Kapha 時期，Kapha 時期對於個人有深遠的影響，如骨骼的成長都在這個時期。這個時期的兒童特別需要營養，應當要給予 Kapha 屬性的食物，但如果該兒童就是 Kapha dosha 為主導的 Kapha 人，則不能過度的攝取 Kapha 食物。

十四歲至二十七歲 (Kapha-Pitta)

此階段的兒童慢慢進入青少年時期，是為 Kapha-Pitta 時期。Pitta 是火，亦是血液，如少女的初經，在這個時期就顯現了，有句話說「女大十八變」，女孩長大了，身體的器官功能也都健全了，可以成為母親了。

這時期，鄰家的男孩也長大成年當兵去了，成為熱血青年，充滿著抱負及理想。此階段隨著 Pitta dosha 的加入，消化能力是在最佳的狀態。

我們可以見到一些例子，小時候長得胖胖的女孩，漸漸的變成苗條淑女，以前的小胖哥，搖身一變為身強體健的大帥哥，這都是因為 Pitta 火的關係。強壯的腸火可以很好的消化食物，這時期的男女生大部分都沒有小腹，是人生身材最好的輝煌時期。

二十七歲至四十二歲 (Pitta)

此階段進入完全的 Pitta 時期，也是人生的衝刺期，生活作息、飲食習慣，完全影響著消化系統。腸火過度旺盛或不足，或時強時弱，都影響身體所有的內臟器官。這階段不論男與女，開始有了小腹，開始頭痛，鬢角及頭髮陸續發白。若是 Kapha 人沒有好好照顧自己，這時候已經身體水腫，膝蓋也開始腫脹。在此階段 Pitta 人雖然已過了青春期，但卻膿瘡、濕疹、皮膚問題不斷。

四十二歲至五十六歲 (Pitta-Vata)

此階段為 Pitta-Vata 時期，隨著 Vata dosha 的加入，身體器官漸漸步入老化的階段，皮膚開始粗糙、龜裂，Vata 人尤其明顯。喉嚨漸漸乾燥，時有咳嗽、沒有緣由的失眠、憂慮，應該要多補充 Kapha 屬性的食物。

五十六歲至七十七歲 (Vata)

此時進入完全的 Vata 時期，不論男女開始叨叨絮絮，就是符合坊間人們常說的，只剩一張嘴啦！這時關節鬆脫，老人咳嗽、躁動、滿腦思緒不能入眠。此時期的食物一定要溫暖，要營養，要慢活！

七十七歲以上 (Vata-Kapha)

此時進入 Vata-Kapha 時期，即是所有的組織老化。現在的人們愈來愈長壽，在古老時期的印度，男人到了五十歲，就要放棄工作，帶著妻子離開城市，夫妻二人住在深山裡，不問世事；如果是貪慾而留在城市家中的人，到了七十歲也應當要到深山隱居到死去。後來又有一些人，有預感知道自己的死期，而移居到恆河邊的飯店或住宅等死。（印度電影《巴哈旺大飯店》，就是描述此景象。）

日程 Dosha 與飲食

按照日程 Vata、Pitta 和 Kapha 的時間，飲食也應該有所不同，例如中餐是 Pitta 時間，可以吃肉類及其他需要時間才能消化的食物（如豆類），因為白天有活動力，而且離晚餐時間較長，有足夠的時間可以消化這些有消化難度的食物；但不可在午餐吃過度的酸、鹹、辣味的食物，會讓身體過度灼熱感，尤其是 Pitta 人在夏天的午餐，切忌過度的酸味、鹹味、辣味及油炸類。晚餐是屬 Kapha 時間，故不宜多吃肉類及挑戰困難消化的食物，避免沒有足夠的活動力與充分的時間來消化食物，而造成消化不良。若一個人生病了，他們應該遵循特定的飲食和養生之道，以平衡特定的 Dosha。

關於攝入的食物

■ 攝入溫暖的食物，溫度刺激和增強消化酶，溫熱的食物容易消化。

■ 若攝入油膩、光滑的食物很容易能夠向下走，且有利於平衡 Vata dosha，它們能提供足夠的強度與能源，可以取悅感官，改善膚色。然而，過於油膩的食物消化過程較緩慢，Kapha 人不宜攝取過多油膩的食物。

■ 攝入適當食物的數量，可增長壽命。

■ 攝入容易消化的食物，對消化系統不會有過度磨損和撕裂的狀態。

■ 如果前一餐的食物不能完全被消化，又繼續吃下一餐，沒有消化的食物滯留在腸道中，將導致毒素的形成。

用餐時應注意的事項

■ 當一個人的心理和情緒被折磨，如憤怒、焦慮、悲傷、恐懼、不快樂等的心理失衡，雖然吃了有益健康的食品，但因為情緒不好，健康的食品也有可能轉換成有毒有害的物質，這是不利於飲食的狀態。

■ 吃食物的速度勿非常快或吃得過慢，對於心靈和身體都不適合，而且還會擾亂消化過程。如果吃食物的速度太快了，食物可能會進入錯誤的渠道，而擾亂原本渠道的次序，還有因為吃的速度過快沒有好好咀嚼，會導致消化弱；如果吃食物的速度太慢，食物變得寒冷、無味，又會導致不規則的消化，而在腸道產生毒素。

■ 要知道自己每一口吃的是什麼食物，吃食物中途不可說話，不可被任何事情打擾，要一心一意專心的吃。雖然這非常困難做到，尤其是現代人，晚餐才是家人相聚的時刻，難免食物中參雜著對話；尤其是將用餐與會議結合的型式，那一餐真是白吃了，不但不能從中得到營養，甚至造成腸道阻塞，胃裡充滿氣體，因為一邊吃一邊說，那就是把食物和氣體同時都吃進去了，等到用餐會議結束時，胃也堵住而漲氣了，在會議討論時，還不如只喝溫熱水就好。

第六部　維生素與礦物質

我需要維生素或礦物質嗎？在一般的狀態下，阿育吠陀建議人們從草藥和食物中得到維生素，因為那樣更容易消化與吸收。每個 Dosha 的需求不同，某些維生素可能會自然且快速的被耗盡，建議如果服用維生素藥丸或液體的期間，能同時攝取香料（如香菜或孜然），用它們來幫助吸收與消化維生素或礦物質。一般的狀態下，Pitta 人本身就擁有較強的消化腸火，對於補充劑比較能消化與吸收。Kapha 人的消化力是緩慢、較弱的，應增加一些熱性的香料，以提高消化力。

另外，不建議食用油性的維生素，如維生素 A、D、E，因為它們可能會抑制消化力，盡量從食物中取得。通常建議 Vata 人可多補充維生素 A、B、C、D、E、鋅與鈣，Pitta 人則可多補充維生素 A、B、C、K、鈣與鐵，Kapha 人可補充 B6 與 D，不太需要礦物質。這是身體處在良好的狀態，如果因為疾病而有特別的需要，仍應遵循醫生的建議。

維生素 A

在有壓力、身體或精神被耗盡時，或較低的免疫力的狀態下，維生素會快速的流失。當維生素 A 被快速耗盡時，會產生緊張和過度疲勞的狀態。維生素 A 不足時，會產生過敏症、毛髮乾燥而分岔、皮膚乾燥、經常感冒、蛀牙、皮膚有鱗屑、皮膚粗糙、搔癢、皺紋、青春痘、過早衰老的皮膚、指甲裂、眼睛產生夜盲狀態、灼痛、發癢、角膜增生。

有益於身體的效用與功能：

可幫助夜間的視力，增加頭髮的生長，增強全身骨組織，可以平衡所有的組織，強化免疫系統對抗感染，防止及延緩衰老。

維生素 A 的主要食物來源：

動物的肝臟、鰻魚、小魚乾、魚肝油、蛋、牛奶、乳製品、蔬菜、花椰菜、白蘿蔔、蘆筍、南瓜、甜瓜、芒果、杏仁、香瓜、苜蓿芽、杏果、蒲公英葉、大蒜、高麗菜、芥菜、木瓜、香菜、桃子、紅甜椒、番薯、菠菜、螺旋藻。

■ 列舉 Vata 體質適合：魚類、蛋、牛奶、優格、胡蘿蔔、菠菜、紅辣椒、冬瓜、紅薯、山藥、芒果、海帶、大蒜。

■ 列舉 Pitta 體質適合：牛奶、優格、淡水魚、羽衣甘藍、薑黃、香茅、芒果、高麗菜、覆盆子葉、蒲公英葉、薄荷、香菜、螺旋藻、深綠葉蔬菜、胡蘿蔔。

■ 列舉 Kapha 體質適合：檸檬香茅、菠菜、芒果、蕁麻葉、薄荷、乾燥的海帶、紅辣椒、鼠尾草、薑黃、高麗菜、胡蘿蔔、大蒜。

維生素 B 群

通常建議攝取維生素 B 群，而非單一的維生素 B，單獨的維生素有時會顯得不夠。但有時候卻又需要單獨的補充，如經常吸菸和長期服用藥物和經常需要抗生素的人，維生素 B 的耗盡速度快於一般人。

維生素 B1（硫銨素 Thiamine）

維生素 B1 是維持腦部、神經、精神狀態穩定健康最重要的維生素，被稱為精神性維生素。

酒精、藥品、咖啡和糖品會讓維生素 B1 快速耗盡，維生素 B1 不足時，會引起腸胃問題、憤怒、煩躁、肌肉緊張、手腳麻木、記憶力差、疲勞、水腫、耳疾、心臟衰弱、焦慮。

有益於身體的效用與功能：

幫助消化，穩定胃口。幫助肝臟的排毒代謝功能。幫助腦部穩定神經、耳朵、眼睛，增強肌肉組織。幫助建構血液，加強各個組織的血液循環。

維生素 B1 的主要食物來源：

動物肝臟、豬肉、雞肉、牛奶、酵母菌、多數蔬菜、西洋芹菜、馬鈴薯、糙米、胚芽米、米糠、芝麻、大豆、腰果、全麥麵包、燕麥、香菇、荔枝等。

■ 列舉 Vata 體質適合：蘆筍、Shatavari 草藥、柑橘、大蒜、海藻、米飯、麵類。
■ 列舉 Pitta 體質適合：花椰菜、甘藍菜、麥苗、海帶、蘆筍、蒲公英葉、紅三葉草、覆盆子葉、薄荷等。
■ 列舉 Kapha 體質適合：花椰菜、甘藍菜、柑橘、螺旋藻、大蒜、蘆筍、啤酒酵母、蒲公英葉、紅三葉草、覆盆子葉，西洋芹菜等。

維生素 B2（核黃素 Riboflavin）

對於皮膚和頭髮健康扮演重要角色的維生素 B2，也是發育成長必需的營養素。過度的使用抗生素和鎮定劑會消耗 B2，當維生素 B2 不足時，眼睛會出現紅色血絲及鼓鼓突出的眼珠、口腔潰爛、噁心、消化能力弱、舌頭裂且痛、早生白髮、皺紋、皮膚搔癢、燒灼感，眼睛充血且怕光，脫髮，肝臟疾病。

有益於身體的效用與功能：

促進成長細胞再生，與體內所有營養素的再生相關。促進皮膚、指甲、毛髮健康生長。有益於大腦神經系統，幫助平衡情緒。消除口腔、舌、唇發炎症狀。

維生素 B2 的主要食物來源：

動物肝臟、瘦肉、魚類、牡蠣、蛋、牛奶、乳酪、酵母菌、綠葉蔬菜、香菇、木耳、花生、芝麻、豆類、栗子、雞肉、鴨肉、鵝肉、菠菜、蘆筍、酪梨、高麗菜、核果，Amalaki（印度

醋栗）、小米、玉米、全麥、黑麥、小麥、胚芽、堅果。

■ 列舉 Vata 體質適合：覆盆子葉、薄荷、啤酒花、紅棗、豆瓣、玫瑰果、人參、動物內臟、葫蘆巴、米。

■ 列舉 Pitta 體質適合：紅三葉草、覆盆子葉、苜蓿、西洋耆草、椰子、蒸洋蔥、豆類、蒲公英葉、米糠。

■ 列舉 Kapha 體質適合：蕁麻葉、紅三葉草、薄荷、玫瑰果、豆類、甜菜、蘆筍、Shatavari草藥、豆類、芥菜、蒲公英葉、葫蘆巴。

維生素 B3 （菸鹼酸）

菸鹼酸（Niacin Nicotinic Acid）是維生素 B 群當中人體需要量最多者，它維持消化系統健康，也是性荷爾蒙合成不可缺少的物質。

當身體過度疲勞和異常的消化會耗損維生素 B3，當 B3 不足時皮膚有糙皮症、皮膚炎。精神緊張，產生抑鬱症或躁動不安。慵懶無力、疲勞。記憶力差、血液循環差、新陳代謝不良、頭痛、暈眩、產生不良膽固醇等症狀。

有益於身體的效用與功能：

作用於大腦神經系統，可對抗焦慮、抑鬱。作用於腸胃道，可增加食慾。作用於肝臟，可平衡膽固醇的水平。幫助代謝碳水化合物，平衡激素及產生雌激素，提高能量水平，幫助淋巴流動及擴張血管和血液流動，產生好膚色。治療口腔炎、唇炎，防止口臭。

維生素 B3 的主要食物來源：

牛肉、綠花椰菜、胡蘿蔔、乳酪、玉米粉、雞蛋、魚類、牛奶、豬肉、動物肝臟、雞肉、魚類、酪梨、無花果、芝麻、綠豆、香菇、啤酒酵母、花生、蕃茄、全麥、黑豆、堅果、深色蔬菜。

■ 列舉 Vata 體質適合：米糠、滑榆樹、蘆筍、蜂花粉、甘草、大米、動物肝臟、雞蛋、酪梨、新鮮無花果、堅果、綠豆、花生。

■ 列舉 Pitta 體質適合：滑榆樹、螺旋藻、紫錐花、高麗菜、紅三葉草、甘草、蕁麻葉、大米、牛奶、米糠、覆盆子葉、葵花子、瘦肉、酪梨、無花果、堅果、綠豆、香菇。

■ 列舉 Kapha 體質適合：螺旋藻、蜂花粉、蕁麻葉、香菜、馬鈴薯、牛蒡根、覆盆子葉、李子、高麗菜、綠豆、香菇。

維生素 B5 （泛酸）

泛酸（Pantothenic Acid）具有製造抗體的功能，幫助抵抗傳染病，緩和多種抗生素的副作用及毒素，並有助於減輕過敏症。經常過度緊張，過度勞累，肌肉損傷，意外，休克或外傷，都會損害維生素 B5，使其耗盡。當 B5 不足時，會產生便秘、十二指腸潰瘍，長溼疹，低血糖，腎功能失常，掉髮，容易被感染，產生敏感性皮膚、過敏疾病，遇車禍容易受傷，肌肉痙攣，腎上腺皮質功能不全，身體疼痛，炎症，嘔吐，經常感冒。

有益於身體的效用與功能：

幫助生長腎上腺皮質激素，支持腎上腺功能、腦組織、肌肉組織、消化系統、內分泌系統、上皮組織（尤其是腎上腺）。幫助脂肪代謝，修復肌肉，同時產生抗體，防止肌肉痙攣，同時增強肌肉骨骼。

維生素 B5 的主要食物來源：

米糠、豆類、牛肉、雞蛋、海水魚（鹹）、龍蝦、母奶、豬肉、新鮮蔬菜、五穀雜糧、小麥胚芽、胚芽米、糙米、麩皮、玉米、豌豆、花生、核果類、啤酒酵母、酵母菌、葫蘆巴。
■ 列舉 Vata 體質適合：米糠、麵、內臟肉、蛋黃、肝臟、糖蜜（Molasses 原糖的糖漿）、蜂王漿、小麥胚芽、海水魚。
■ 列舉 Pitta 體質適合：綠色蔬菜、豆類、大豆、花生、五穀雜糧。
■ 列舉 Kapha 體質適合：綠色蔬菜、豆類、蜂王漿、啤酒酵母、五穀雜糧、淡水魚。
■ 含量最高的是酵母、米糠和糖漿。

維生素 B6 （吡哆醇 Pyridoxine）

維生素 B6 是水溶性的，體內不易留存，因此有每天攝取的必要。經常性的便秘，禁食，口服避孕藥，輻射，心臟疾病，會耗弱維生素 B6。當維生素 B6 攝取不足時，會有貧血、痤瘡、腎／膀胱障礙、神經緊張、噁心、嘔吐、關節炎、抑鬱症、抽筋、暈眩、皰疹、頻繁受感染、生氣、恐懼等症狀。

有益於身體的效用與功能：

維生素 B6 是製造抗體及白血球的必須營養素，亦是維生素 B 群中健全免疫系統最重要的維生素。同時可減輕噁心感，緩和嘔吐。促進核酸的合成，減緩老化。維持鈉與鉀的平衡，穩定神經系統與皮膚問題。減少夜間肌肉痙攣、腳抽筋、手麻痺等神經炎的病痛。抗過敏。利尿劑。維生素 B6 經常被用於經前症候群及更年期症狀，還可以預防貧血，對女性尤其有幫助。

維生素 B6 的主要食物來源：

糙米、蕎麥、豆類、胡蘿蔔、動物肝臟、豬肉、雞肉、鮪魚、白肉魚、蛋、甘藍菜、馬鈴薯、蕃茄、橘子、香蕉、燕麥、大豆、花生、小麥胚芽、蜂蜜、啤酒酵母、酵母菌。
■ 列舉 Vata 體質適合：魚類、白蘿蔔、煮熟的菠菜、青椒、肉類、糖蜜、小麥胚芽、藜麥、煮過的燕麥、胡蘿蔔、香蕉、酪梨。
■ 列舉 Pitta 體質適合：西蘭花、羽衣甘藍、香蕉、花生、綠葉蔬菜、藜麥、燕麥。
■ 列舉 Kapha 體質適合：魚類、菠菜、青椒、綠葉蔬菜、藜麥、乾燥燕麥。

維生素 B12 （Cobalamin）

是唯一含有必須礦物質的維生素，因為含有鈷而成紅色，又稱為紅色維生素，也是紅血球生成不可或缺的重要元素。當大量吸煙、過度酗酒和素食（不吃蛋與乳製品）者，較有可能缺乏 B12。維生素 B12 不足時，會有貧血症、腦損傷、厭食（食慾不振）、神經炎、慢性疲勞、煩躁不安、口吃、疲勞、記憶力衰退、痴呆等症狀。

有益於身體的效用與功能：

促進紅血球形成及再生，預防貧血。緩解抑鬱症，消除煩躁不安。提高記憶力，維護神經系統健康。促進兒童成長，增進食慾。

維生素 B12 的主要食物來源：

在蔬菜中幾乎找不到維生素 B12，只有在紫菜和海藻類蘊含，動物肝臟、牛肉、豬肉、雞肉、魚類、蛋、牛奶、乳酪、乳製品。
■ 列舉 Vata 體質適合：豬肉、豬肝、黑肉雞、羊肉、雞蛋、海藻、海帶、味噌、深海魚。
■ 列舉 Pitta 體質適合：淡水魚、牛奶、白肉雞。

■ 列舉 Kapha 體質適合：淡水魚、海帶、白肉雞。

維生素 C （Ascorbic Acid）

經常使用藥物如阿斯匹靈、抗生素、避孕藥及類固醇，以及過度的咖啡、抽菸、喝酒，或經常身體疼痛、發燒，都會耗盡體內的維生素 C。當維生素 C 不足時，會有口腔潰瘍、牙齦出血、皮膚乾燥脫皮的現象。容易貧血、體重降低、頻繁受感染、感冒。兒童成長遲緩，易造成骨骼形成不全。

有益於身體的效用與功能：

幫助牙齦和牙齒的形成，治療牙齦出血。製造膠原蛋白。加強免疫系統，預防壞血病，預防濾過性病毒和細菌感染。加強手術後的恢復。

維生素 C 的主要食物來源：

綠葉蔬菜、花椰菜、高麗菜、青椒、番石榴、柑橘類、葡萄柚、奇異果、Amalaki（印度醋栗）。
■ 列舉 Vata 體質適合：羅望子、檸檬、番紅花、玫瑰果、Amalaki。
■ 列舉 Pitta 體質適合：蒲公英、覆盆子、紅三葉草、青椒、藏紅花、羽衣甘藍、花椰菜、綠葉蔬菜、草莓、Amalaki。
■ 列舉 Kapha 體質適合：苜蓿芽、紅三葉草、玫瑰果、菠菜、草莓、Amalaki。

維生素 D (Calciferol)

維生素 D 是陽光維生素，若是長年夜間工作者或整日宅在屋內，白日少接觸太陽光，或是濫用藥物、素食者、孕婦及授乳婦女、更年期婦女，都可能會降低維生素 D。體內維生素 D 不足時，會有軟骨症、肌肉無力、骨質疏鬆症。

有益於身體的效用與功能：

促進鈣與維生素 A、E 的吸收，強化骨骼和牙齒。防止軟骨症（佝僂病），調節發育，幫助嬰幼兒成長，尤其是骨骼和牙齒。

維生素 D 的主要食物來源：

陽光、亞麻籽油、五穀雜糧、深綠色蔬菜、奶油、牛奶、魚肝油、動物肝臟，日曬的香菇。
■ 列舉 Vata 體質適合：印度酥油、雞蛋、鱈魚、動物肝臟、蝦、金槍魚、沙丁魚、向日葵種子、奶油、鮭魚、魚油。
■ 列舉 Pitta 體質適合：鱒魚、蛋白、酥油、

奶油、向日葵種子、苜蓿芽、蕁麻葉、覆盆子葉、紅三葉草、日曬香菇。
■ 列舉 Kapha 體質適合：酥油、鱒魚、陽光、苜蓿芽、蕁麻葉、覆盆子葉、紅三葉草、日曬香菇。

維生素 E (Tocopherol)

可防止老化，保持青春的維生素 E，也是預防心血管疾病的維生素，可防止血管內的血液凝固，進而使血液循環良好，預防膽固醇及脂肪阻塞血管，避免腦中風和心臟病，又被稱為血管清道夫。

經常喝酒、有心血管疾病、血液循環不良者，都會耗損維生素 E。當維生素 E 不足時，會有禿頭、前列腺疾病、心臟疾病、皮膚乾燥、過早老化、缺乏活力、流產等現象。

有益於身體的效用與功能：

可以幫助血管擴張、防止血液凝固、作為抗凝血劑、降低膽固醇、防止脫髮和流產、延緩細胞老化，常保青春。

維生素 E 的主要食物來源：

小麥胚芽、糙米、五穀雜糧、深綠色蔬菜、堅果種子、奶油、牛奶、植物油。
■ 列舉 Vata 體質適合：燕麥、Shatavari 草藥、黑糖蜜、甜薯、堅果、奶油、玫瑰果、熱性植物油。
■ 列舉 Pitta 體質適合：苜蓿、玫瑰果、蕎麥、葵花子油、甜薯、蒲公英葉、冷性植物油。
■ 列舉 Kapha 體質適合：糙米、玉米、黑麥、

杏仁油、大豆、綠色蔬菜。

維生素 K （Menadione）

人體維生素 K 的需要量是非常少的，但它卻能維護血液功能和幫助凝固血液。經常攝取冷凍食物與含有輻射、抗生素、硫酸鹽（防腐劑）的食物，及含有硫酸鹽類的藥物，將會損害體內的維生素 K。當維生素 K 不足時，會有黃疸疾病、潰瘍、出血、流產、疲勞、抽筋、結腸炎、月經障礙、老化、靜脈曲張。

有益於身體的效用與功能：

幫助凝固血液，防止出血疾病、內出血、痔瘡。減少生理期大量出血。

維生素 K 的主要食物來源：

牛肝、魚肝油、蛋黃、乳酪、優格、海藻、苜蓿芽、菠菜、甘藍菜、萵苣、花椰菜、豌豆、香菜、大豆油。

■ 列舉 Vata 體質適合：紅花油、黑蜜糖、海帶、綠葉蔬菜、魚油、櫻桃、黑莓、優格。
■ 列舉 Pitta 體質適合：白花菜、苜蓿芽、蕁麻葉、綠色蔬菜、所有的漿果。
■ 列舉 Kapha 體質適合：白花菜、苜蓿芽、蕁麻葉、綠葉蔬菜、紅花油。

礦物質鐵 (Iron)

在人體必需礦物質中，鐵是最容易缺乏的營養素。若經常喝紅茶、吃高蛋白食物、過度出血，都會流失更多的鐵，尤其是在生理期大量排出鐵的女性，更須注意補充鐵。當人體鐵含量不足時，容易患有缺鐵性貧血，臉色蒼白、疲倦等狀態。

有益於身體的效用與功能：

提高免疫系統，幫助成長。預防及治療因缺鐵引起的貧血，幫助恢復血色。

礦物質鐵的主要食物來源：

豬肝、牛肝、牛心、瘦肉、生蛤、牡蠣、蛋黃、蘆筍、腰果、核果類、桃子、葡萄、燕麥。

■ 列舉 Vata 體質適合：動物器官、肉類、蛋黃、貝類、家禽、黑糖蜜、李子、杏子、茴香、香蕉、葡萄。
■ 列舉 Pitta 體質適合：扁豆、貝類、動物器官、家禽、杏子、馬鈴薯、苜蓿、蒲公英葉、甜葡萄。

■ 列舉 Kapha 體質適合：扁豆、馬鈴薯、苜蓿芽、蘆筍、燕麥。

礦物質鈣 (Calcium)

　　鈣是人體需要量最高的礦物質，如果經常灌腸，缺乏運動，過量的酒精和咖啡，將會流失大量的鈣。

　　當人體鈣含量不足時，會經常感到心慌、緊張、肌肉麻木，引起嚴重的肌肉痙攣，產生骨質軟化症、佝僂症、骨質疏鬆症。

　　有益於身體的效用與功能：

　　是建構骨骼及牙齒的主要成分，調節心臟正常收縮和幫助凝固血液，及緩解肌肉痙攣。

　　礦物質鈣的主要食物來源：

　　沙丁魚、鮭魚、蝦、牛奶、乳製品、乳酪、甘藍菜、綠色蔬菜、大豆、豆類、花生、胡桃、葵花子。
■ 列舉 Vata 體質適合：蛋黃、貝類、乳酪、杏子、無花果、菊苣、海帶、沙丁魚、核桃、芝麻、杏仁、葵花子。
■ 列舉 Pitta 體質適合：牛奶、無花果、苜蓿芽、紅三葉草、蕁麻葉、車前草、洋甘菊、菊苣、蒲公英葉、海帶、羽衣甘藍、燕麥、海軍豆、綠色蔬菜。
■ 列舉 Kapha 體質適合：綠色蔬菜、杏子、高麗菜、麩皮、苜蓿芽、紅三葉草、蕁麻葉、蔬菜、豆類、杏仁、玉米。

礦物質鉻 (Chromium)

　　人體對於鉻的需要量雖然少，但對於糖尿病患者而言，卻是重要的血糖調節劑。

攝入過多的糖、乳製品和肉類，都會流失鉻。當人體鉻不足時，會產生低血糖、動脈硬化、糖尿病和胰腺相關障礙。

　　有益於身體的效用與功能：

　　調節血糖的水平，幫助胰島素作用，控制糖尿病。降血壓，預防高血壓和心臟病。

　　礦物質鉻的主要食物來源：

　　牛肉、雞肉、魚、海鮮、牡蠣、蛋、乳製品、馬鈴薯、水果、穀類、啤酒酵母。
■ 列舉 Vata 體質適合：肉類、海鮮、全穀物、菝葜 (Sarsaparilla)、甘蔗汁、貝類、乳製品。
■ 列舉 Pitta 體質適合：全穀物、大麥草、蜂蜜花粉、紅三葉草、菝葜、淡水魚。
■ 列舉 Kapha 體質適合：玉米油、蛤蠣、啤酒酵母、大麥草、紅三葉草、玉米、穀類、馬鈴薯。

礦物質銅 (Copper)

　　銅是人體必需的微量礦物質，同時存在紅血球內外，可幫助鐵質傳遞蛋白，在血紅素形成的過程中，扮演催化的作用。

　　使用致幻藥物和抗生素會流失銅，人體若銅不足夠，組織中的鐵將無法進入血漿，會出現與缺鐵一樣的症狀，產生小球型低血素貧血（通常發生在嬰兒身上），臉部或四肢浮腫，患有骨骼疾病。

　　有益於身體的效用與功能：

　　是形成血紅素細胞的重要物質，幫助鐵質

吸收，預防心血管疾病，幫助骨骼細胞締結。

礦物質銅的主要食物來源：

動物內臟、蝦、螃蟹、貝類、蘑菇、全麥食品、蜂蜜、花生、橄欖、豆類。

■ 列舉 Vata 體質適合：動物內臟、肉類、海鮮、堅果、糖蜜、杏仁、梅乾。

■ 列舉 Pitta 體質適合：豆類、葡萄乾、白菜、菠菜、羽衣甘藍、全穀物、鵝肝、梅乾。

■ 列舉 Kapha 體質適合：豆類、豆瓣、大蒜、羽衣甘藍、菠菜、梅乾。

礦物質碘 (Iodine)

碘是合成甲狀腺激素的主要成分，可調節細胞的氧化作用，缺乏時會引起甲狀腺腫，手腳冰冷，憤怒和狂躁的情緒。

沿海地區的食物含碘量高於山區的食物，缺碘的高山區居民容易患有地方性甲狀腺腫，海鹽中的碘可以避免甲狀腺腫。

有益於身體的效用與功能：

調節細胞氧化，穩定脂肪代謝，改善血液循環、神經肌肉功能，促進毛髮、指甲及牙齒健康。

礦物質碘的主要食物來源：

海魚、龍蝦、蝦類、貝類、海帶、海菜、海鹽。

■ 列舉 Vata 體質適合：海藻、海帶、海鮮、胡蘿蔔、蕃茄、鳳梨、柑橘、朝鮮薊、海鹽。

■ 列舉 Pitta 體質適合：蝦類、香菜、蘑菇。

■ 列舉 Kapha 體質適合：蘑菇、蝦類、白蘿蔔。

礦物質鎂 (Magnesium)

除了鈣與磷外，人體含量最多的礦物質就是鎂，可以防止骨質鈣化。若經常使用化學藥物或過多的酒精，將會流失鎂。當人體鎂含量不足時，會產生心情煩躁、過度憤怒，手腳顫抖、脆弱的骨骼，容易感染，低血糖、心悸、虛弱、疲倦等症狀。

有益於身體的效用與功能：

調節血糖，促進鈣和維生素 C 的代謝。維持心臟、肌肉、神經的正常功能。

礦物質鎂的主要食物來源：

鯉魚、鱈魚、蝦子、綠色蔬菜、香蕉、小麥胚芽、杏仁、無花果、瓜子。

■ 列舉 Vata 體質適合：檸檬、桃子、堅果、海鮮、糖蜜、燕麥、胡蘿蔔、杏仁、覆盆子、糙米、芝麻、香蕉、鯉魚、鱈魚、新鮮無花果。

■ 列舉 Pitta 體質適合：桃子、向日葵子、蘋果、首蓿、綠色蔬菜、蕁麻葉、鼠尾草、覆盆子、紅三葉草、無花果。

■ 列舉 Kapha 體質適合：牛蒡、蘋果、杏仁、綠色蔬菜、首蓿、胡蘿蔔。

礦物質錳 (Manganese)

錳是必要的微量礦物質，可以幫助腦部的循環，增加記憶力，可緩和神經過敏、煩躁不安、暈眩，緩解聽力障礙。

有益於身體的效用與功能：

促進生產酶，平衡荷爾蒙，增強肌肉組織和神經系統。

礦物質錳的主要食物來源：

錳存在於動物性食物中的含量很少，大部分存在於蔬菜、水果、核果類及穀物中，如菠菜、豌豆、萵苣、藍莓、鳳梨、花生、栗子、大麥、蕎麥、燕麥、茶、咖啡、薑等。
■ 列舉 Vata 體質適合：蛋黃、甜菜、柑橘、米糠、海帶、堅果、鳳梨、小麥胚芽。
■ 列舉 Pitta 體質適合：豌豆、綠色蔬菜、米糠、葵花子、藍莓、甜柑橘。
■ 列舉 Kapha 體質適合：豌豆、綠色蔬菜、菠菜、蕎麥、大麥、薑。

礦物質鉬 (Molybodenum)

鉬是形成尿酸不可缺少的微量礦物質，鉬將核酸轉換為尿酸的重要構成要素，而尿酸是血和尿中的廢物，在製造尿酸的過程中不可缺少鉬，而且鉬還可以解毒過多的銅。

若攝取過多的酒精和碳酸飲料，會消耗礦物質鉬。

人體鉬含量不足時，會產生心跳加速、心悸、呼吸急促、躁動不安等狀態。

有益於身體的效用與功能：

幫助循環，是重要的氧化劑，促進正常發育及成長。活化鐵質，防止貧血。

礦物質鉬的主要食物來源：

動物內臟（肝、腰子、胰臟）、深綠色葉菜、豌豆、綠豆、扁豆、穀類。
■ 列舉 Vata 體質適合：小麥穀物、動物肝臟、綠豆。
■ 列舉 Pitta 體質適合：豆類、牛奶、動物肝臟、綠色蔬菜、扁豆、綠豆。
■ 列舉 Kapha 體質適合：全麥穀物、豆類、小米、綠豆、豌豆。

礦物質硒 (Selenium)

硒與維生素 E 都是抗氧化劑，兩者相輔相成，可以防止或減緩因氧化所引起的老化及組織硬化，並具有活化免疫系統、預防癌症的功效，是必要的微量礦物質。過多壓力和吸菸容易流失硒，當硒含量不足時，會有過早衰老、脫髮、指甲脆、疲勞、提早失去活力的症狀，嚴重時會導致心肌病及心肌衰竭。

有益於身體的效用與功能：

減緩衰老，與維生素合作可以加成抗氧化作用，治療女性更年期的熱潮紅，防治頭皮屑。

礦物質硒的主要食物來源：

動物肝臟、海鮮、雞肉、牛奶、蛋黃、綠花椰菜、甘藍菜、芹菜、洋蔥、蕃茄、草菇、南瓜、米糠、全麥製品。
■ 列舉 Vata 體質適合：金槍魚、蛋黃、牛奶、海鮮、南瓜、全麥製品、煮熟的洋蔥、海帶。
■ 列舉 Pitta 體質適合：綠色蔬菜、牛奶、花椰菜、煮熟的洋蔥。
■ 列舉 Kapha 體質適合：花椰菜、綠色蔬菜、洋蔥。
＊硒主要存在穀物中，但烹飪過程容易造成硒的流失。

礦物質磷 (Phosphorus)

在人體中，磷的含量僅次於鈣，是必需礦物質，磷存在於人體所有的細胞。過多的糖、精神壓力及高脂肪飲食，都會耗損礦物質磷。當人體磷不足時，會產生食慾不振、呼吸困難、體重劇增或劇減、低血糖等狀態。

有益於身體的效用與功能：

細胞再生，產生活力。幫助心臟和肌肉收縮。與鈣結合，建立強健的骨骼和牙齒。協助脂肪和澱粉代謝，供給能量。酸化尿液，維持腎臟正常機能。

礦物質磷的主要食物來源：

魚類、雞肉、鴨肉、蛋、牛奶、乳製品、豌豆、穀物、花生、杏仁、葵花子、南瓜。
■ 列舉 Vata 體質適合：乳酪、肉類、穀物、蛋黃、種子、堅果、乳製品、酥油、南瓜。
■ 列舉 Pitta 體質適合：乳製品、酥油、堅果、淡水魚類、葵花子、香菜。
■ 列舉 Kapha 體質適合：白肉雞、淡水魚類、蛋白、葵花子。

礦物質鉀 (Potassium)

人體不能沒有鉀，鉀廣泛的分布於肌肉、神經及血球，大部分存在細胞內，與細胞外液的鈉共同維持體內的酸鹼平衡。排尿過多、排汗過多及攝取過多的鹽分，將會流失鉀。細胞外液的鉀含量若不足，將使骨骼肌癱瘓，神經傳導及心肌活動不正常，亦容易患有低血鉀症。

有益於身體的效用與功能：

可平衡鈉，與鈉共同維持人體酸鹼平衡，共同合作傳導神經系統衝動，協助身體活動。

礦物質鉀的主要食物來源：

牛肉、羊肉、雞肉、蛋、全脂牛奶、起司、冬瓜、馬鈴薯、地瓜、杏子、梨、橘子、香蕉、葡萄乾、薄荷、全麥麵包。鉀都存在於新鮮蔬果中，香蕉的含量尤其豐富。

＊攝取過量的鈉，會導致鉀流失；反之，若攝

取高鉀食物，必須配合補充低鈉食物。

■ 列舉 Vata 體質適合：甜薯、牛肉、黑肉雞、香蕉、葡萄乾、新鮮水果、全麥穀物、紫草、款冬花、歐芹草、海帶。

■ 列舉 Pitta 體質適合：白肉雞、香蕉、薄荷、葡萄乾、牛奶、馬鈴薯、甜薯、葵花子、綠色蔬菜、全穀物、苜蓿、車前草。

■ 列舉 Kapha 體質適合：白肉雞、葡萄乾、馬鈴薯、乾果、蔬菜、全穀物、苜蓿、琉璃苣、水芹、菊苣、小米草、車前草、歐芹草。

礦物質鈉 (Sodium)

鈉為人體必需礦物質，且需要量較大。過多攝取糖分、肉類和乳製品，會導致鈉的流失。當人體鈉不足時，會有噁心、腹部及腿部抽筋、疲勞、體內酸鹼值無法平衡，產生慢性疼痛、體內糖分失衡、膽囊問題。

有益於身體的效用與功能：

協助平衡體內酸鹼值，幫助淋巴系統，產生膽汁、腎上腺素、胰酶和汗液，防止因過熱而疲勞中暑。

礦物質鈉的主要食物來源：

鹽、培根、火腿、牛肉乾、沙丁魚、貝類、海帶、鹹菜、醃製品、甘藍菜。

■ 列舉 Vata 體質適合：蘆筍、秋葵、豬肉、煮熟的胡蘿蔔、動物器官、海帶、海鹽、海藻。

■ 列舉 Pitta 體質適合：生菜、芹菜、蘆筍、秋葵、椰子、豬肉、甜菜、海藻。

■ 列舉 Kapha 體質適合：生菜、芹菜、蘆筍、秋葵、海苔、甜菜、胡蘿蔔、甘藍菜。

礦物質硫 (Sulfur)

人體需要較大含量的硫，它存在於每一個細胞，有助於維護皮膚、頭髮和指甲的健康，也在體內擔任氧化還原的工作，維持氧的平衡，使腦部功能順利運作。

有益於身體的效用與功能：

有助於身體所有組織形成和膠原蛋白生成，促進皮膚健康、毛髮光澤。與維生素B群一起作用，可促進人體基本代謝。在肝臟內分泌膽汁。

礦物質硫的主要食物來源：

瘦牛肉、魚類、蛤類、蛋、牛奶、豆類、小麥胚芽、甘藍菜。

■ 列舉 Vata 體質適合：瘦肉、雞蛋、深海魚、蝦、歐芹草、鼠尾草、款冬、蛤類。

■ 列舉 Pitta 體質適合：淡水魚、蛋、牛奶、蝦、芹菜、豆類、捲心菜家族、豆芽、栗子、蕁麻葉、車前草、甘藍菜。

■ 列舉 Kapha 體質適合：

豆類、淡水魚、蝦、芹菜、豆芽、甘藍菜。

礦物質鋅 (Zinc)

鋅是人體不可缺少的營養素，鋅維護正常性腺機能，治療生殖障礙，對於男性性能力的維持尤其重要。空氣汙染、酒精和懷孕，都會導致鋅流失。當人體鋅不足時，會有前列腺肥大、性腺機能減退、性功能障礙、食慾低、血液循環不良、不孕症等症狀。

有益於身體的效用與功能：

可去除指甲上的白色斑點。預防前列腺疾病，治療生殖障礙。減少囤積膽固醇。治癒傷口、燒傷。幫助所有器官的成熟和正常健康發育。

礦物質鋅的主要食物來源：

天然來源主要來自於動物性蛋白質，含量最豐富為牡蠣，其次為紅肉、動物肝臟、魚、蝦、蛋、瘦牛肉、豬肉、羊肉、蛋黃、脫脂奶粉、小麥胚芽、芝麻、南瓜子、楓糖漿、啤酒酵母、穀類、豆類。

■ 列舉 Vata 體質適合：動物肝臟、深海魚、蛋黃、芝麻、楓糖漿、蝦、穀類。
■ 列舉 Pitta 體質適合：豆類、啤酒酵母、蝦、淡水魚、穀類。
■ 列舉 Kapha 體質適合：淡水魚、大豆、蝦。

＊若攝取過多的鋅，將會導致銅與鐵的流失。

第七部 如何自我保健

毒素 (Ama) 如何形成

有毒的、病態的物質，未消化的食品，膠水狀、黏性物質可能會積聚在體內的任何地方，最終食物不好被消化。由於 Agni 異常，產生過度或不足的力量，無法將食物完全消化，殘留在腸道，腐酸的物質產生毒素，當毒素堵塞了身體的渠道，從而引發疾病。

當 Agni 被破壞，不完全被消化的食物形成了一個內部有毒或病態的物質，被稱為毒素 (Ama)。毒素能進一步腐爛在腸道內發酵，可以傳遍全身，引起疾病。毒素被認為是產生疾病的罪魁禍首，是大多數疾病的發病機制和創造者。在現代醫學中，毒素是眾所周知的，中西醫認為毒素通常起源於消化系統。阿育吠陀認為減少毒素，是任何一個草藥醫生所關注的，這是減少疾病的關鍵。

毒素的體徵和症狀

如何知道自己身體已經堆積了毒素呢？當我們經常感覺到腹部脹脹的，全身痠痛，時而便秘，時而腹瀉，唾液分泌過多，發燒，腸胃脹氣，眩暈，頭痛，沉重，消化不良，缺乏實力的感覺，懶惰，嗜睡，食慾不振，精神和身體疲勞，麻木，無力，腹部疼痛，大量排尿，煩躁不安，鼻竇充血，僵硬的背部和臀部，沒有味覺，口渴，嘔吐及打哈欠等，都是毒素過度堆積的反應。這時需要請專業的人士，幫忙做清除毒素的療程；如果過於嚴重，則需要做特別的 Panchkarma 療程。

如何防止毒素形成

■ 應避免致病因素。
■ 避免矛盾的食物組合。
■ 在上一餐還沒被完全消化前，不宜再進食。
■ 避免進食太快或太慢，避免暴飲暴食。
■ 避免在吃飯時情緒低落、悲傷、談話等。
■ 避免過量進食生冷的食物、飲料和食品。
■ 避免過餐遺留下來的、陳舊的、油炸的、高度加工的防腐劑食品。
■ 每天在固定的時間用餐。
■ 存有正念用餐。
■ 在柔和的燈光下吃晚餐。
■ 以午飯作為一天最主要的一餐。

消化不良的類型

消化系統如此的重要，阿育吠陀為各種不同體質的人，在消化不良的狀態下，會產生的各種現象做分類，以便平日的自我檢視。輕者可以自行處理；若是嚴重者，則需要阿育吠陀醫生的協助。

以 Vata dosha 為主導的體質在消化不良的狀態下，極有可能引起手腳四肢麻木和身體

其他部位的麻木和疼痛，或者腹痛、便秘或腸胃脹氣，也可能引起關節疼痛或中耳炎。

若是以 Pitta dosha 為主導的體質產生消化不良，那可能導致眼花、口渴、過度出汗、暈厥、身體燒灼感，增加 Pitta 條件的疾病症狀。

消化不良產生在以 Kapha dosha 為主導的體質時，將產生身體沈重的感覺，臉頰或眼睛腫脹，有噁心的感覺，打嗝，想嘔吐。

消化腸火 (Agni) 被干擾的原因

過度禁食，消化不良，飲食不規律，暴飲暴食，冷和熱的食物同時攝入，攝入過多冰冷的食物和飲料，疾病造成，不規則時間用餐，未依據季節調整飲食，思維、精神或身體過度勞累，抑制生理自然敦促（如排尿、排便、睡覺等），這些都會干擾腸火的正常運作。

Ojas

其實要解釋 Ojas 是有些困難的，因為它不是器官，不是有形的物質，在阿育吠陀醫學的理論中，它一種觸摸不到，卻又影響全身的液體，故又被稱為「生命的汁液」。

阿育吠陀的醫書是這樣描述 Ojas 的：它起源於心臟，透過血液蔓延到全身，作用也是佈滿全身。它是一種液體，潤滑、透明又接近白色，冷性，穩定，流暢，純淨，柔軟，細膩。維持 Ojas 的營養物質無法直接從食物中取得，而是消化食物後的精華，透過七組織的循環運作才能得到；同時 Ojas 也協助執行組織功能的運作。

健康的 Ojas 液體能滲透進入最深層的自我，從而反映到外在，此時心靈是和平的，身體具有光環，身體免疫力堅不可摧，可以將所有的健康保存在我們的身體內。

若女性能產生出好的 Ojas，可以維持身體組織的健康，有助於孕育較健康的嬰兒；同時，Ojas 也是胎兒形成的第一個本質，在體內是一切發展的基礎，往身體各個部分延伸，讓肌肉骨骼、肢體活動、感覺器官功能良好，並影響膚色與聲音。

如何知道 Doshas 是否平衡？

當 Dosha 失衡亂序的時候，身體會出現一些徵兆，透過徵兆我們應立即判斷，是症狀還是疾病。如果是醫學上醫生所判定有疾病名稱時，才被稱為「疾病」；在未被判定為疾病前，都只是症狀。如果能時時觀察自己和家人的狀態，即可以在症狀發生的初期，調整飲食或使用香料；如果狀態沒有改善，才建議去看醫生。

以下我們談論的是 Dosha 失衡時的狀態，並不是指體質，縱然是以 Kapha dosha 為主導的 Kapha 人，也有可能會因 Vata dosha 失衡，而引起不適的症狀。

但我們如何知道自己可能失調了呢？縱使知道了，又該如何在飲食上調整呢？舉一個例子，一個從不曾便秘和失眠的 Kapha 人，突然產生便秘與失眠的情況，那就應該驚覺到，Vata dosha 可能劇增了，以致於產生了 Vata dosha 過盛條件下所反應的徵兆。

劇增的原因，有可能是過度的活動或憂思，或其他原因。總之，當下應立即調整飲食，以降低 Vata dosha 的食物為優先選擇。直到

狀況解除之後，再恢復日常的飲食規則，若無任何改善，那就該去看醫生了。

Vata dosha 過度旺盛的徵兆

■ 全身有下垂的感覺，如肩頸、臀部、子宮下垂，整個人有被往下拉、垮掉的感覺。
■ 身體有麻刺感，扭轉的疼痛。
■ 感覺異常口渴，唇乾燥，皮膚乾、刺、裂，全身感覺脹氣。
■ 全身僵硬，失眠，便秘。
■ 體能耗弱。
■ 在秋季（九至十一月）堆積，直到雨季爆發。

加重 Vata dosha 的原因

■ 攝取過多苦味、澀味、辣味的食物。
■ 攝取過多乾燥、輕、粗糙與冷性的食物。
■ 經常空腹，過餐不食。
■ 壓制自然敦促（如打噴嚏、咳嗽、打嗝、排泄等）。
■ 過早（太年輕）有性行為。
■ 經常熬夜。
■ 過多的說話、演講、活動。
■ 過度的運動，過度頻繁的性接觸。
■ 消化腸火(Agni)提早結束。

飲食建議：此時應以降低 Vata dosha 的食物為優先考量，可以參考「Vata 人如何飲食」單元，待狀況緩解後，再恢復到日常依循的方式。

Pitta dosha 過度旺盛的徵兆

■ 全身熱呼呼的。
■ 嘴角有泡沫。
■ 引發膿瘡、潰瘍及痤瘡等。
■ 過度流汗，身體耗弱或昏倒，血液有毒性。
■ 嘴裡有酸與鹹的味道。
■ 在夏季（六到八月）堆積，直到在秋季爆發。

加重 Pitta dosha 的原因

■ 過度攝入酸味、鹹味與辣味的食物。
■ 攝入過多熱性的食物。
■ 經常憤怒。
■ 過度的曝曬在陽光下。
■ 精疲力盡，過度體力消耗。
■ 不適當的飲食，消化不良。

飲食建議：此時應以降低 Pitta dosha 的食物為優先考量，可以參考「Pitta 人如何飲食」單元，待狀況緩解後，再恢復到日常依循的方式。

Kapha dosha 過度旺盛的徵兆

■ 皮膚油膩，肌肉僵硬，搔癢過敏。
■ 感覺寒冷，身體沈重感，黏液毒素留在渠道內。
■ 體能耗損，身體腫脹，腳踝、腿水腫，消化不良，嗜睡。
■ 臉色發白。
■ 嘴裡有甜甜鹹鹹的味道。
■ 經常有嘔吐感。
■ 早晨有鼻涕或痰液。
■ 在冬天（十一到二月）堆積，直到春天爆發。

加重 Kapha dosha 的原因

■ 攝入過多酸味、鹹味和甜味的食物。
■ 攝入過多油膩、重、難消化的食物。
■ 暴飲暴食。
■ 攝入過多冷性的食物。
■ 缺乏運動。
■ 過多的睡眠和休息。
■ 攝入不潔的食物或不相容的食物。

飲食建議：此時應以降低 Kapha dosha 的食物為優先考量，可以參考「Kapha 人如何飲食」單元，待狀況緩解後，再恢復到日常依循的方式。

所有 Doshas 加重的原因

■ 過量不適合的飲食。
■ 未煮過、汙染或不相容的食物。
■ 已經損壞或過期的食物。
■ 菜乾和醃漬類。
■ 油炸物、高溫炒煎物、啤酒、肉乾等。
■ 過度暴露在風中。
■ 風水或磁場不對。
■ 不當的療法。
■ 非法行為。

十三類不可逆為的生理需求

阿育吠陀指出，身體的衝動是自然的，是健康和心靈，情緒和身體運作所必需的。抑制這些自然衝動，會產生嚴重的健康問題。

以下為十三種自然的衝動，不應該試圖控制，若被壓制或強行產生，將導致疾病。一個健康的人應維護他的健康。

一、抑制排氣（放屁）

1. 造成腹部腫脹，腹痛。
2. 存在消化道的空氣向上移動，產生打嗝。
3. 排解糞便及尿液受阻。
4. 喪失視力。
5. 喪失消化能力。
6. 產生心臟疾病。
7. 削弱 Vata dosha，廢物氣體被骨骼和骨髓吸收，加重關節炎和神經痛。

二、抑制排便症狀：

1. 小腿疼痛，二側肋骨疼痛。
2. 流鼻水、頭痛、肌肉痙攣。
3. 打嗝，廢氣體往上衝。
4. 直腸疼痛、腹脹、腹部無力導致便秘。
5. 從嘴巴嘔吐出糞便。

居家療方：服用可以消除糞便的食物和飲料，例如大麥、小麥、梅子、茴香、Triphala Ghrutham、酥油。

三、抑制排尿

1. 頭痛，全身疼痛。
2. 腎臟和泌尿系統紊亂，形成尿結石，尿道發炎，排尿困難或疼痛。
3. 膀胱、腹股溝和陰莖劇烈疼痛。
4. Vata 和 Kapha 體質產生嘔吐現象。

居家療方：用藥草油按摩整個腹部甚至是全身，然後沖洗熱水。可用藥湯泡澡或做藥草蒸氣浴。

四、抑制打嗝

1. 脹氣、失去味覺，使 Vata dosha 紊亂。
2. 雙手震顫，身體痙攣性抽搐。
3. 在心臟和胸部區域有阻塞的感覺。
4. 咳嗽與持續打嗝。
5. 失眠、傷害神經系統。

五、抑制打噴嚏、打哈欠

1. 頭痛。
2. 衰弱的感覺器官。
3. 頸部僵硬，呼吸道過敏。
4. 面部癱瘓，臉面神經疼痛。
5. 產生肺部疾病。

六、抑制口渴

1. 身體消瘦、疲勞。
2. 衰弱的身體。
3. 產生耳聾、頭痛。
4. 喪失意識力。
5. 眼花。

6. 心臟疾病。
7. 損害 Vata 和 Kapha dosha。

七、抑制飢餓感、經常過餐不食

1. 身體像被切割般的疼痛。
2. 喪失味覺，食慾不振。
3. 產生消化不良、消瘦、體弱。
4. 腹痛，全身和心靈紊亂。
5. 眼花、頭暈目眩。

居家療方：吃容易消化的食物。吃少量、少脂肪且溫暖的食物

八、抑制睡眠

1. 失眠，開始有妄想症。
2. 身體疲倦。
3. 頭和眼有沈重感。
4. 一直打呵欠。
5. 全身疼痛，紊亂的生命力。

居家療方：用藥草油輕度按摩全身。

九、抑制咳嗽

1. 不停的咳嗽。
2. 呼吸困難。
3. 失去味覺。
4. 產生心臟疾病。
5. 日漸消瘦。
6. 不停地打嗝。

十、抑制嘆氣（沉重的呼吸）

1. 產生腹部腫瘤。

2. 產生心臟疾病。
3. 產生妄想症。

十一、抑制眼淚 (哭)

1. 流鼻水、鼻過敏。
2. 頭和心臟疼痛 (抑制情緒)。
3. 頸部僵硬，頭暈。
4. 喪失味覺。
5. 產生眼花、眼疾。

十二、抑制嘔吐

1. 產生皰疹、紅疹、麻瘋。
2. 眼睛受刺激。
3. 貧血、噁心、厭食。
4. 臉上產生色素斑。
5. 損害 Kapha dosha。

十三、抑制精液排出

1. 減弱生殖和泌尿系統。
2. 陰莖和睪丸疼痛，腫脹的生殖器。
3. 睪丸硬化。
4. 身體發燒。
5. 在心臟區域感到不舒服。
6. 前列腺腫脹，排尿困難。
7. 全身如被切割般疼痛。
8. 損害 Vata dosha。

由於以上這些原因，阿育吠陀建議人們遵循大自然的呼喚，自然而輕柔地生活，不要緊張、強迫或試圖控制。

食物與疾病

抗菌食品：

白菜、胡蘿蔔、丁香、椰子、孜然種子、凝乳、香草、茄子葉、大蒜、薑、蜂蜜、檸檬、酸橙、洋蔥、鳳梨、蘿蔔和薑黃。

抗凝食品 (防止產生血塊的食物)：

辣椒、丁香、水果和蔬菜、大蒜、薑、葡萄、蘑菇、洋蔥。

抗抑鬱食物 (提高情緒的食物)：

蘋果、蘆筍、荳蔻、茄子、辣椒、大蒜、綠色蔬菜、蜂蜜、檸檬香茅、富硒食物和維生素 B 豐富的食物。

抗糖尿病食品 (降低血糖的食物)：

朝鮮薊、苦瓜、黑克蘭、西蘭花、胡椒葉、肉桂、咖哩葉、葫蘆巴種子、纖維豐富的食物、高抗氧化劑、大蒜、葡萄柚、印度醋栗、Jambul 水果、芸豆或法國豆類、低碳水化合物蔬菜、芒果葉、洋蔥、富含鉀的食物、甘藷葉和大豆。

止瀉食品 (控制腹瀉的食物)：

蘋果、貝爾水果、香蕉、胡蘿蔔湯、鼓槌葉、凝乳、蒔蘿、葫蘆巴種子、大蒜、薑、番石榴 (未成熟)、薑黃。

抗炎食品 (減少炎症的食物)：

苜蓿、蘋果、蓖麻籽、芹菜、櫻桃、檸檬、

酸橙、長胡椒、洋蔥、鳳梨、馬鈴薯汁(生)、薑、葡萄、綠色蔬菜汁、印度醋栗、大黃、芝麻、羅望子、薑黃和蔬菜。

抗氧化食品(預防會損害氧氣的食物):

蘆筍、花椰菜、布魯塞爾芽甘藍、白菜、胡蘿蔔、深色蔬菜、大蒜、薑、葡萄、印度醋栗、萵苣、甘草、燕麥、洋蔥、花生、南瓜、菠菜、甘藷、蕃茄、維生素E豐富的食物。

打擊病毒的食物:

肉桂、蒔蘿、富含葉酸的食物、大蒜、薑、葡萄柚、羅勒、檸檬、長胡椒、洋蔥、橙酸和薑黃。

降低血壓的食物:

苜蓿、蘋果、富含鈣的食物、芹菜、黃瓜、深色蔬菜、大蒜、印度醋栗、橄欖油、荷蘭芹、富含鉀的食物、馬鈴薯、蘿蔔、西瓜種子、蔬菜汁。

誘導安寧睡眠的食物:

茴香、芹菜、孜然種子、蒔蘿、蜂蜜、萵苣、長胡椒、牛奶、肉荳蔻、燕麥、罌粟籽、蘿蔔、維他命豐富的食物。

可控制和預防癌症的食物:

甜菜汁、捲心菜和其他十字花科蔬菜、胡蘿蔔、柑橘類水果、豆腐、富含纖維的食物、蔬菜、大蒜、洋蔥、葡萄、綠色蔬菜、印度醋栗、甘草、牛奶、橄欖油、木瓜葉、大豆、蕃茄、富含維生素A和C的食物、麥麩和小麥

草汁。

釋放氣體的食物:

苜蓿、八角、優格、香菜種子、洋甘菊、肉桂、柑橘類水果、丁香、椰子、茴香、大蒜、薑、薄荷、荷蘭芹、阿魏和南瓜。

降低膽固醇的食物:

杏仁、蘋果、牛油果、豆類(乾)、胡蘿蔔、芫荽籽(乾)、胡蘆巴籽、大蒜、葡萄柚、葡萄籽油、燕麥、橄欖油、洋蔥、紅花油、大豆、向日葵種子和核桃。

增加尿液分泌的食物:

苜蓿、香蕉莖、大麥、檳榔葉、葫蘆巴、小荳蔻、椰子、黃瓜、蒲公英、鼓槌花、葡萄、蜂蜜、洋蔥、橙、馬齒莧、歐芹草、蘿蔔、菠菜、甘蔗和西瓜。

增加身體抵抗力的食物:

胡蘿蔔、豆腐或酸奶、水果和蔬菜、大蒜、低脂食物、蘑菇和富含鋅的食物。

促進長壽的食物:

苜蓿、杏仁、蘋果、大麥、訶子(Haritaki)凝乳或酸奶、大蒜、人參、蜂蜜、印度醋栗、萵苣、牛奶、橄欖油、洋蔥、花粉、鼠尾草、大豆和印度人參(Ashwagandha)。

幫助記憶力的食物:

杏仁、蘋果、阿魏、Brahmi草藥、小茴香種子、檸檬香脂、胡椒、富含磷的水果、迷

迭香、鼠尾草和核桃。

控制呼吸疾病的食物：

大茴香、阿魏、苦瓜、辣椒、丁香、菊苣、茴香、乾燥無花果、大蒜、薑、印度羅勒、蜂蜜、印度醋栗、亞麻籽、芥菜、洋蔥、芝麻種子、菠菜、羅望子、薑黃和富含維生素 C 的食物。

調節雌激素的食物：

豆類、捲心菜、低脂食品、花生、大豆和麥麩、Shatavari 草藥。

促進性健康的食物：

杏仁、阿魏、蘆筍、胡蘿蔔、紅棗、鼓槌花、胡蘆巴種子、大蒜、杜松子酒、蜂蜜、印度醋栗、Jambul 水果、芒果、麝香、肉荳蔻、洋蔥、黑胡椒、南瓜種子、黑色葡萄乾、紅花種子、芝麻籽和小麥胚芽油、印度人參。

後記

很開心終於完成了台灣版的阿育吠陀營養學,並以中文的方式讓一般大眾理解,看完你會發現內容中沒有食譜,本意上,我希望這本書能展現阿育吠陀醫學在飲食文化上獨特的見解,選擇食物的邏輯不僅僅是根據食物的營養,而是要依據個人體質。當然除了體質以外,季節、當季食材與住所環境,都是需要考量的

我希望能為阿育吠陀留下中文版本的套書,也為自己此生留下一些烙印,就是秉持著這樣的信念,一字一字,一段一段地這樣熬著。花費長達四年整編這本書,曾經多次想要放棄,最後理智告訴我,再堅持一下,多忍耐一下,就快要完成。

本書中的所有照片,每一張都是自己親自按下快門,拍壞了,再重拍。淡水夏天炎熱如酷刑,冬天寒冷有如地窖,還好淡水河邊的景致如詩如畫,在酷熱、寒冷、觀山、望海、看夕陽、走在河堤與幽靜的小徑中,最終我沉浸在自己的世界裡,完成這本「阿育吠陀營養學」。 當我完成內文的最後一頁時,彷彿又再次成功地挑戰自己!

阿育吠陀營養學

作者：朱婕 (Liso)

編輯：陳昕平

封面設計：朱婕 / 陳昕平

出版社：阿育吠陀有限公司

地址：251 新北市淡水區中正路一段 118-1 號 8 樓

電話：02 - 28051864

E-mail：vaidya53534285@gmail.com

網站：https://www.facebook.com/lisoayurvedavaidya

出版日期：2019 年 5 月

定價：580 元

ISBN：978-986-92313-2-9

印刷：鴻順印刷文化事業股份有限公司

國家圖書出版品預行編目資料

阿育吠陀營養學 / 朱婕著 . -- 新北市：阿育吠陀，
2019.05
　　面；　　公分
ISBN 978-986-92313-2-9(平裝)

1. 營養學 2. 健康飲食

411.3　　　　　　　　　　　　108005186